Vorwort

Ich, also der Autor dieses Buches, wollte eigentlich nie ein Buch schreiben und erst recht keine Computerkurse abhalten. Manchmal kommt aber alles anders. Sie kennen das sicherlich auch. Heute halte ich zum den Themen Digitalkamera, Windows und auch Fotobuch-Erstellung zahlreiche Computerkurse ab. Die Begeisterung, die ich selber für diese Themen habe, scheint sich auch auf die Kursteilnehmer zu projizieren. Ich finde es toll, wenn meine Kursteilnehmer und hoffentlich Sie als Leser dieses Buches, mit dem was ich so von mir gebe, etwas lernen und dann auch schnell mit dem Thema zurecht kommen, ohne fremde Hilfe in Anspruch nehmen zu müssen. So weiß ich, dass ich irgendetwas richtig gemacht haben muss.

Die meisten Bücher zu diesem Thema beschäftigen sich eher damit, wie man fotografiert. Dieses Buch geht einen anderen Weg. Es vermittelt dem Einsteiger das nötige Wissen um Fotos schnell, effektiv und das ist mir ganz wichtig: ohne viel Kopfzerbrechen auf dem PC zu verwalten und zu bearbeiten. Sprachlich versuche ich alle meine Bücher so zu gestalten, dass man sie auch versteht, wenn man kein Informatik-Studium hinter sich hat.

Ich bin ein großer Freund davon, dass ein Anwender selber wissen sollte, wo welche Daten auf seiner Festplatte abgelegt sind. Jedermann sollte in der Lage sein zu bestimmen wo was ist und das, wann immer er das für richtig hält, auch wieder zu ändern. Wie so oft ist das keine große Hexerei. Man muss es nur mal vernünftig erklärt bekommen. Wenn man das dann ein paarmal geübt hat, bewegt man sich bald so sicher auf der Festplatte, wie in der berühmten eigenen Westentasche.

Dieses Buch soll Sie mit dem nötigen Wissen ausstatten, damit Sie viel Freude an Ihren Fotos haben. Ich zeige Ihnen hier nicht die 99 allergeheimsten Geheimtricks irgendeiner exotischen Bildbearbeitung. Ich will Ihnen hier auch nicht zeigen, was ich alles kann und das soll auch keine Enzyklopädie der Bildbearbeitung werden. Sondern ich möchte Ihnen praktische Anleitungen, für die üblichen Problemstellungen im Umgang mit digitalen Fotos geben, damit Sie diese selber und ohne viel Kopfzerbrechen lösen können.

Sie werden sehen, es gibt keinen Grund zu verzweifeln.

leicht zu verstehen und praxiserprobt

Digitalkamera und dann?

Fotos verwalten und bearbeiten unter Windows 7 für Anfänger.

Copyright © 2009 Franz Hansmann
Herstellung und Verlag:
Books on Demand GmbH, Norderstedt
ISBN: 978-3-8391-1366-0

Inhaltsverzeichnis

Was ist das Ziel dieses Buches? 8
Was ist der Unterschied zur klassischen Fotografie? 8
Wo liegen die Vor– und Nachteile? 8
Was brauche ich denn alles? 9
Cardreader 10
Worauf muss ich beim Cardreader achten? 10
Was kann der Cardreader? 11
Was brauche ich nicht? 13
Welche Speicherkarten gibt es? 14
Was ist JPG, GIF und PNG? 14
Wie funktioniert das mit den Ordnern auf einer Festplatte? 15
Der Windows-Explorer 16
Bibliotheken 23
Namenskonventionen 23
Welche Namen sind sinnvoll? 24
Wo sollen die Fotos hin? 24
Eine bewährte Ordner-Struktur 24
Beliebige Ordner selber anlegen 25
Ordner umbenennen 28
Ordner löschen 29
Ordner verschieben 30
Ordner kopieren 31
Autostart 32
Wo ist meine Speicherkarte? 33
Namen für Speicherkarte ändern 34
Piktogramm der Speicherkarte ändern 35
Empfohlene Vorgehensweise 40
Warum Fotos auf die Festplatte holen 41
Warum alle Fotos auf einmal kopieren? 41
Chaos beseitigen 42
Fotos Kopieren 43
Ein Foto kopieren 44
Mehrere Fotos gleichzeitig kopieren 50
Alles kopieren 50
Mit der Maus und Shift-Taste markieren 51
Mit der Maus und Strg-Taste markieren 52
Mit der Maus umrahmen 53
Reihenfolge der Fotos im Ordner ändern 54

Fotos verschieben	56
Ein Foto umbenennen	57
Alle Fotos umbenennen	58
Ansichten	60
Die Ansichtsformen	63
Sortierungen	71
Anordnen nach	71
Kleine Vorschau	72
Fotos löschen	73
Vorschau	74
Verknüpfung mit einem anderen Programm	75
USB-Sticks	78
USB-Stick umbenennen	78
USB-Stick mit eigenem Piktogramm	79
USB-Sticks und Speicherkarten löschen	79
Daten sichern	80
Datensicherung auf CD oder DVD	80
Datensicherung auf eine externe Festplatte	84
Was ist der Vorteil dieser Methoden?	85
Der Papierkorb	85
IrfanView	87
IrfanView installieren	87
Arbeiten mit IrfanView	92
Spracheinstellungen	93
Dia-Show erstellen	93
Speichern der Dia-Show	103
Starten und Steuern der Dia-Show	105
Hintergrundmusik für die Dia-Show	105
Bildgröße ändern	110
Rote Augen Reduktion	115
Helligkeit und Farben ändern	118
Fotos drehen	119
Fotos drehen noch leichter gemacht	123
Retusche mit IrfanView	125
Diashow erstellen mit dem MovieMaker	127
Bilder importieren	128
Das Storyboard (Drehbuch)	130
Fotos in das Storyboard einfügen	131
Animierten Titel erstellen	133

Schriftfarbe des Titels 134
Titelanimation ändern 137
Überblendeffekte 138
Dia-Show als Projekt speichern 141
Dia-Show öffnen 142
Hintergrundmusik für die Dia-Show 143
Als Videofilm speichern 147
Was kann die Zeitachse noch? 150
Dia-Show im Media-Player steuern 151
Wo bekomme ich CDex? 152
CDex installieren 152
MP3 selbst gemacht 153
Wo finde ich meine MP3-Musik wieder? 156
Email-Versand von Fotos 157
Eigenschaften 159
Druck-Optionen 160
Abzüge Online bestellen 163
Ihr Gutschein-Code 183
Haftungsausschluss 184

Was ist das Ziel dieses Buches?

Fangen wir damit an, was das Ziel nicht ist: Nämlich Ihnen das Fotografieren beizubringen. Wenn Sie sich für den Kauf einer Digitalkamera entschieden haben, gehen wir mal einfach davon aus, dass Sie wissen, wie man fotografiert. Wenn Sie sich Anregungen für die ausdrucksstarke Fotografie holen wollen, empfehle ich Ihnen einen entsprechenden Kurs mit einem professionellen Fotografen. In diesem Buch geht es darum, wie Sie Fotos, die Sie mit einer Digital-Kamera gemacht haben, auf Ihren PC bekommen, dort nach- oder weiterbearbeiten können, alles archivieren und auch dauerhaft sichern können.

Was ist der Unterschied zur klassischen Fotografie?

Bei der klassischen Fotografie haben Sie einen Film in der Kamera. Wenn alle Einzelbilder des Films belichtet sind, man sagt auch: „Der Film ist voll.", geben Sie diesen Film in einem Laden ab. Er wird in einem Fotolabor entwickelt und Sie bekommen, nach einigen Stunden oder Tagen, Abzüge Ihrer Fotos, in einer von Ihnen gewünschten Größe. Bei der digitalen Fotografie entfällt die Laborarbeit. Sie können die Fotos sofort betrachten und entscheiden, ob Sie es behalten wollen oder nicht.

Wo liegen die Vor– und Nachteile?

Ein großer Vorteil der klassischen Fotografie ist sicherlich die unerreicht hohe Bild- und Farbqualität. Vorausgesetzt, Sie haben beim Fotografieren nicht gewackelt oder ungünstige Lichtverhältnisse gehabt. Wenn der Film entwickelt wurde, bekommen Sie Abzüge der Fotos und können diese archivieren. Machen wir uns da nichts vor. Oft liegen diese Fotos Jahre in ihrer Verpackung oder werden im berühmten Schuhkarton aufbewahrt. Oft findet sich ein ganzes Leben auf Fotos in einem solchen Karton (Bei einem solchen Satz nenne ich gerne meine Eltern als Beispiel ☺). Eher selten landen die Fotos in Fotoalben und werden feinsäuberlich dokumentiert. Ein Nachteil der klassischen Fotografie ist es sicher, dass Sie den Originalfilm aus der Hand geben müssen. Zugegebenermaßen kommt es selten vor, dass Filme verschwinden oder im Labor falsch behandelt werden. Aber es kommt vor und ist dann doch sehr ärgerlich, da man diese Momente, die dort auf Zelluloid gebannt waren, nie mehr zurück bekommt. Des Weiteren werden auch die Fotos entwickelt, die Ihnen qualitativ nicht zusagen und Sie müssen diese auch noch bezahlen. Dummerweise kann man halt nicht vorher auf den Film sehen. Aber der wirklich entscheidende Nachteil ist, dass Sie Fotos nicht ohne erheblichen Aufwand verändern können.

Hier kommt die digitale Fotografie natürlich ganz groß raus. Haben Sie erst einmal ein Bild von der Kamera auf den PC bekommen, können Sie damit so ziemlich alles machen, was Sie sich vorstellen kann. Und „so ziemlich alles", können Sie wörtlich nehmen. Allerdings ist auch die Gefahr alle Bilder auf einem PC zu verlieren ungleich höher als mit dem Schuhkarton.

Was brauche ich denn alles?

Das kann man ganz leicht beantworten: Eine Digitalkamera, einen Personal Computer kurz PC genannt und entsprechende Software (Programme). Darüber hinaus kann man sich das Leben mit einigen zusätzlichen Erweiterungen einfacher machen.

Wenn Sie sich eine neue Digitalkamera zulegen, ist normalerweise schon ein Kabel dabei, mit dem Sie die Kamera und den PC miteinander verbinden können. Meist befindet sich auch eine CD im Lieferumfang, die alle benötigten Treiber enthält, damit die Kamera und der PC auch Daten (Fotos) austauschen können. Das ist der einfachste und damit auch preiswerteste Weg, um die Fotos, die Sie mit der Kamera gemacht haben, auch auf den PC zu bekommen. Die Erfahrung zeigt allerdings, dass die Kamera-Akkus sich dabei sehr schnell entladen. Es gibt Kameras, meine gehört leider auch dazu, bei denen Sie zusehen können, wie die Akku-Füllstandanzeige absinkt. Auf den ersten Blick erscheint das ja nicht so tragisch. Wenn Sie aber gleich darauf zu einer neuen Fotosafari aufbrechen wollen und Ihr Akku schon fast leer ist ... Mehr brauche ich da wohl nicht zu sagen.

Cardreader

Hier kommen die so genannten Cardreader ins Spiel. Diese Geräte kosten aktuell zwischen € 6,-- und € 20,--. Sie können viele verschiedene Speicherkartentypen erkennen. Unterstützt werden sie ohne zusätzliche Treiber unter Microsoft® Windows 2000, XP, Vista und Windows 7. Unter Microsoft® Windows 98 können evtl. Treiber notwendig sein. Unter Microsoft® Windows 95 und NT funktionieren diese Geräte **NICHT**. Da könnten Sie aber auch Ihre Digital-Kamera nicht einmal per Kabel direkt anschließen. Die Funktion dieser Cardreader ist abhängig davon, ob das Betriebssystem die USB-Schnittstellen eines PCs unterstützt. Unter Microsoft® Windows 2000, XP, Vista und Windows 7 ist das uneingeschränkt der Fall.

Hier sehen Sie einige Beispiele für Cardreader. Die Geräte gibt es als externe und interne Geräte. Der Anschluss eines externen Gerätes an Ihren PC ist natürlich einfacher. Sollten Sie die Anschaffung eines neuen PCs ins Auge gefasst haben, lohnt es sich auch, wenn Sie nach einem Gerät Ausschau halten, das den Cardreader schon eingebaut hat.

Worauf muss ich beim Cardreader achten?

Bevor Sie blindlings drauf los rennen und einen Cardreader kaufen, sollten Sie sich erkundigen, ob Ihr Wunschgerät auch für die Speichermedien Ihrer Digitalkamera geeignet ist. Bei Cardreadern ist es mittlerweile Standard, dass sie 25 oder sogar 35 verschiedene Speicherkartentypen unterstützen. Normalerweise sollte also Ihre Speicherkarte auch dabei sein. Aber denken Sie daran: Fragen macht klug! Nehmen Sie Ihre Speicherkarte ruhig mit in den Laden.

Was kann der Cardreader?

Das der Cardreader Ihren Kamera-Akku entlastet, haben Sie ja schon gelernt. Wenn Sie den Cardreader mit Ihrem PC verbinden, wird er von der so genannten *Plug'n Play*-Erkennung Ihres PCs automatisch erkannt und im Betriebssystem, also in Windows, angemeldet. Unter Microsoft® Windows 2000, XP, Vista und Windows 7 benötigen Sie keine zusätzlichen Treiber. So ein Cardreader verfügt über mehrere Steckplätze, die kompatibel mit den entsprechenden Speicherkarten sind. Diese Steckplätze werden als logische Laufwerke unter Microsoft® Windows 2000/XP/Vista/7 verwaltet und auch an entsprechender Stelle angezeigt. Anders als bei den bisherigen Windows-Versionen werden die Steckplätze aber nur noch angezeigt, wenn darin auch eine Speicherkarte steckt. Das vereinfacht den Zugriff darauf etwas und erhöht die Übersicht. Das können Sie leicht überprüfen. Stecken Sie den Speicherchip Ihrer Digitalkamera in den Cardreader. Doppelklicken Sie jetzt auf Ihrem **Windows-Desktop** auf das Symbol **Computer**. Wenn das Piktogramm dort nicht zu finden ist, klicken Sie bitte auf **Start/Computer** (Pfeile 1&2).

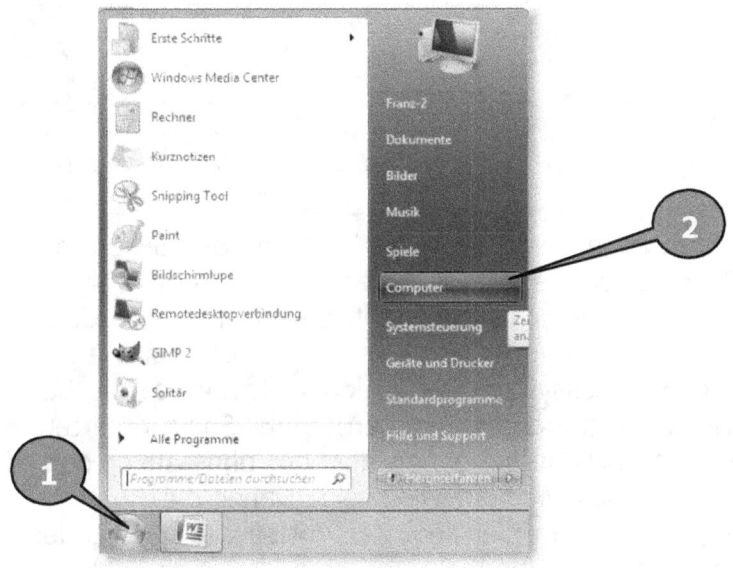

Dabei sollte sich ein Fenster öffnen, das vom Inhalt her zumindest dem folgenden Bild ähnelt.

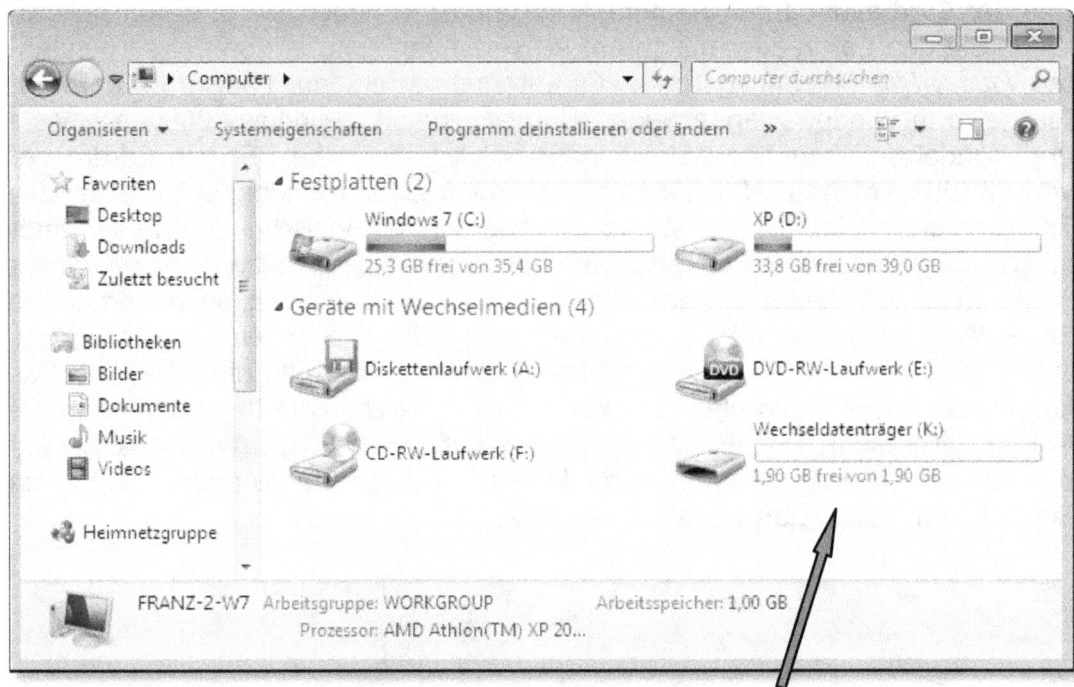

Ein Laufwerk des Cardreaders

Abweichungen können sich aus der Zahl und der Bezeichnung der Festplatten und CD-ROM-Laufwerke ergeben. Das ist aber kein Fehler, sondern völlig normal. Ihr PC ist schließlich nicht identisch mit meinem PC. Wichtig ist lediglich, dass Sie dort alle aktiven Laufwerke sehen. Die Laufwerke Ihres Cardreaders werden vom Betriebssystem als **Wechseldatenträger:** bezeichnet. Das liegt daran, dass Sie während des Rechnerbetriebs Speicherkarten in den Cardreader einstecken und auch herausziehen können, ohne zuvor den PC auszuschalten. Sie können also das Medium wechseln. Daher die Bezeichnung **Wechseldatenträger:**. Und genau hier liegt der Vorteil des Cardreaders. Er wird benutzt wie ein Laufwerk. Die Handhabung entspricht ganz exakt der von Festplatten, Disketten- oder CD-RW-Laufwerken. Sie können also mit dem **Windows-Explorer** Dateien und Verzeichnisse kopieren, verschieben, umbenennen oder löschen.

Was brauche ich nicht?

Ganz sicher brauchen Sie nicht die Software, die bei Ihrer Digitalkamera dabei war. Machen wir uns da nichts vor. Solche Programme sind für blutige Anfänger gemacht. Sie sind ein blutiger Anfänger? Das ist völlig in Ordnung. Aber Sie wollen das ja ändern. Deshalb haben Sie sich schließlich dieses Buch gekauft. Eine solche Kamerasoftware hilft Ihnen, oft mit einem einzigen Mausklick, alle Fotos von der Kamera herunter zu holen und auf Ihrer Festplatte zu speichern. Dieses sehr wichtige Problem lösen solche Programme ausgezeichnet. Wenn Sie aber die Kontrolle darüber haben wollen, wo und wie irgendwelche Fotos abgelegt werden, dann fängt es an haarig zu werden. Gut, mit ein bisschen Eingewöhnung kann man das auch mit so einem Programm sicherlich hin bekommen. Es bleibt dann aber eine Insellösung. Und wehe, es kommt eine neue Programmversion und alles sieht plötzlich anders aus. Ich gehe da lieber einen ganz anderen Weg mit Ihnen. Sie werden lernen, alle Ihre Fotos, mit Windows-Bordmitteln nach ihren Vorstellungen zu ordnen. Die Methoden gelten übrigens nicht nur für Fotos, sondern für jede Art von Dateien. Also auch Texte, Kalkulationen, Musik usw. Hat man das System einmal durchschaut, kann man es immer und überall wieder einsetzen. Wir wollen schließlich nicht, dass der Computer die Kontrolle über alles hat ☺.

Welche Speicherkarten gibt es?
Im Laufe der Jahre sind immer neue Speicherkarten auf den Markt gekommen. Dies haben wir teilweise dem technischen Fortschritt zu verdanken und teilweise leider auch Patenten und deren Folgen.

Sie sehen hier eine Übersicht der gängigsten Speicherkartentypen. Diese gibt es in verschiedenen Kapazitäten. Welche Karte sowohl für Ihre Kamera als auch für den Cardreader geeignet ist, erfragen Sie bitte bei einem Fachverkäufer oder lesen Sie es in der Bedienungsanleitung der Geräte nach.

Was ist JPG, GIF und PNG?
Neben JPG, GIF und PNG gibt es noch zahlreiche andere Grafikformate. Die einzelnen Formate sind je nach Beschaffenheit eines Bildes besser oder schlechter geeignet. GIF-Bilder können maximal 256 Farben haben. Grafiken, die größere Bereiche in gleichen Farbtönen haben, sind bestens geeignet, um die Dateien klein zu halten, wenn man Sie als GIF speichert. JPG-Bilder hingegen können bis zu 16,7 Millionen Farben haben. Zumindest theoretisch. In der Praxis sind selbst in sehr bunten Bildern meist nur einige 10.000 bis einige 100.000 Farben. Mehr müssen es auch gar nicht sein. Unser Auge kann nämlich nur ca. 30.000 Farben und etwa 250 Grautöne gleichzeitig unterscheiden. Das JPG-

Format ist bestens geeignet, um Fotos fotorealistisch darzustellen. Im JPG-Format kann man außerdem eine Kompression einstellen. Diese Möglichkeit werden Sie sich noch im Kapitel **Fotos per Email versenden** zu Nutze machen. Das PNG-Format ist ebenfalls für die Darstellung fotorealistischer Bilder geeignet. PNG-Bilder lassen sich allerdings verlustfrei vergrößern, was bei den beiden anderen Bildformaten nicht möglich ist. GIF-Bilder lassen sich meist weder vergrößern noch verkleinern ohne erheblich an Qualität zu verlieren. JPG-Bilder lassen sich nur, ohne nennenswerte Verluste, verkleinern aber nicht vergrößern.

Wie funktioniert das mit den Ordnern auf einer Festplatte?

In meinen Computerkursen merke ich immer wieder, dass sich viele Leute schwer damit tun, sich eine Ordnerstruktur auf einer Festplatte vorzustellen. Ich erkläre das immer im Vergleich zwischen einer Festplatte und einem Kleiderschrank. Nehmen wir mal an, Ihr Kleiderschrank wäre die Festplatte. Dieser Kleiderschrank hat drei Türen. Das wären dann schon mal drei Ordner. Hinter jeder dieser Türen gibt es mehrere Fächer. Das wären die Unterordner. In diesen Fächern haben Sie kleine Kartons stehen. Das wären dann schon Unterordner in den Unterordnern. Die Festplatte hat gegenüber Ihrem Kleiderschrank nur einen Unterschied. Ihrer Festplatte ist es völlig egal, wie viel in jedem Fach/Ordner drin ist. Sie können einen oder viele Ordner haben. In jedem Ordner kann nichts, viel, wenig oder alles an Daten enthalten sein. Das könnte man am ehesten noch mit Luftballons vergleichen. Stellen Sie sich einfach vor, Sie hätten alle Fächer, Schubladen und Schachteln aus Ihrem Kleiderschrank ausgeräumt und stattdessen jede Menge Luftballons hineingelegt. Jeder Luftballon entspricht dabei einem Ordner auf Ihrer Festplatte. Sie können jetzt einen Luftballon aufblasen, also einen Ordner mit Daten füllen oder viele Luftballons mit Luft füllen. Die Obergrenze ist erreicht, wenn das Volumen des Kleiderschranks völlig ausgeschöpft ist. Dabei spielt es keine Rolle, wie viel Luft in jedem einzelnen Ballon ist. Entscheidend ist nur das Gesamtvolumen. Bei der Festplatte ist es genauso.

Der Windows-Explorer

Der Windows-Explorer ist das zentrale Kopier- und Dateiverwaltungsprogramm unter Windows. Sie sollten ihn nicht mit dem Internet-Explorer verwechseln. Das ist ein ganz anderes Programm. Es gibt mehrere Wege den Windows-Explorer zu starten. Der klassische Weg ist der über
Start/Alle Programme/Zubehör/Windows-Explorer. Ein steiniger Weg. Das sind einfach zu viele Klicks und Maus-Bewegungen finde ich.

Der Vorteil ist der, dass der Windows Explorer sofort den Ordner **Bibliotheken** (Pfeil 1) vorauswählt und dessen Inhalt anzeigt.

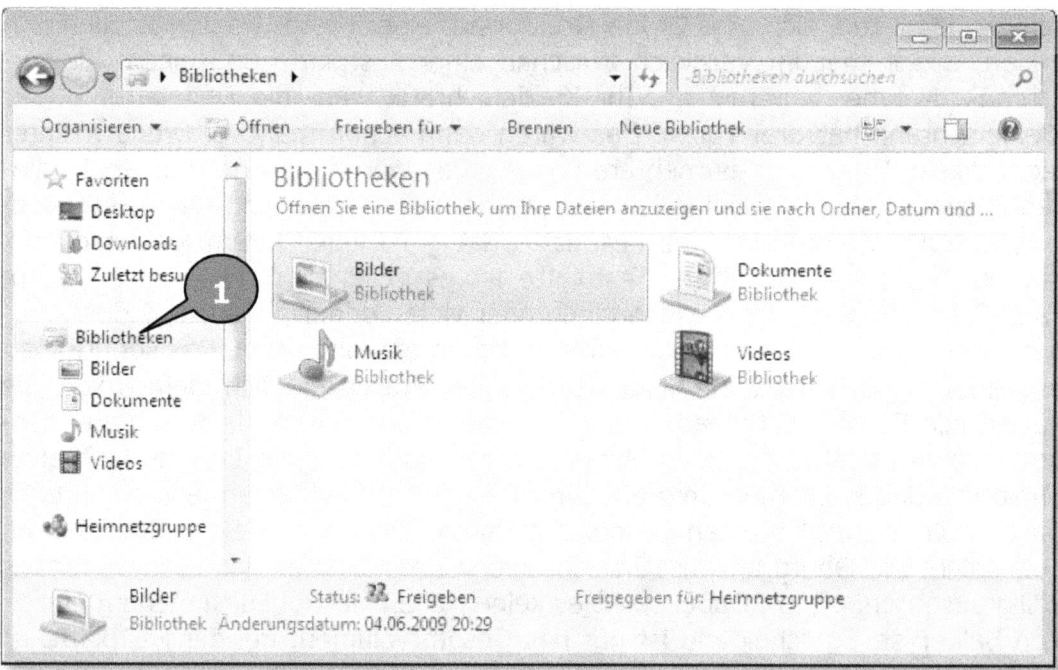

Es gibt aber eine wesentlich schnellere Methode den Windows-Explorer zu starten. Bewegen Sie den Mauszeiger links unten auf den **Start**-Knopf (Pfeil 2) und drücken Sie einmal ganz kurz auf die rechte Maustaste.

Darauf hin erscheint ein kleines Befehlsmenü, ein sogenanntes Kontextmenü. Bewegen Sie den Mauszeiger auf den Befehl **Windows-Explorer öffnen** (Pfeil 3 vorherige Seite) und klicken Sie einmal kurz auf die linke Maustaste. Schon wird der Windows-Explorer gestartet.

Es gibt noch eine dritte Methode, die sich einzusetzen lohnt, wenn man den Windows-Explorer öfter benötigt. Man kann dieses Programm nämlich an die Taskleiste von Windows 7 anheften. Das hat den Vorteil, dass Sie zukünftig die Schaltfläche für den Programmstart immer im Blick haben und das Programm mit einem einzigen Mausklick auf das Piktogramm starten können. Dazu gehen Sie folgendermaßen vor: Starten Sie zunächst den **Windows-Explorer**. Bewegen Sie nun den Mauszeiger auf dessen Piktogramm in der Taskleiste (Pfeil 4). Drücken Sie einmal kurz die rechte Maustaste und wählen Sie den Befehl **Dieses Programm an Taskleiste anheften** (Pfeil 5) per Linksklick aus.

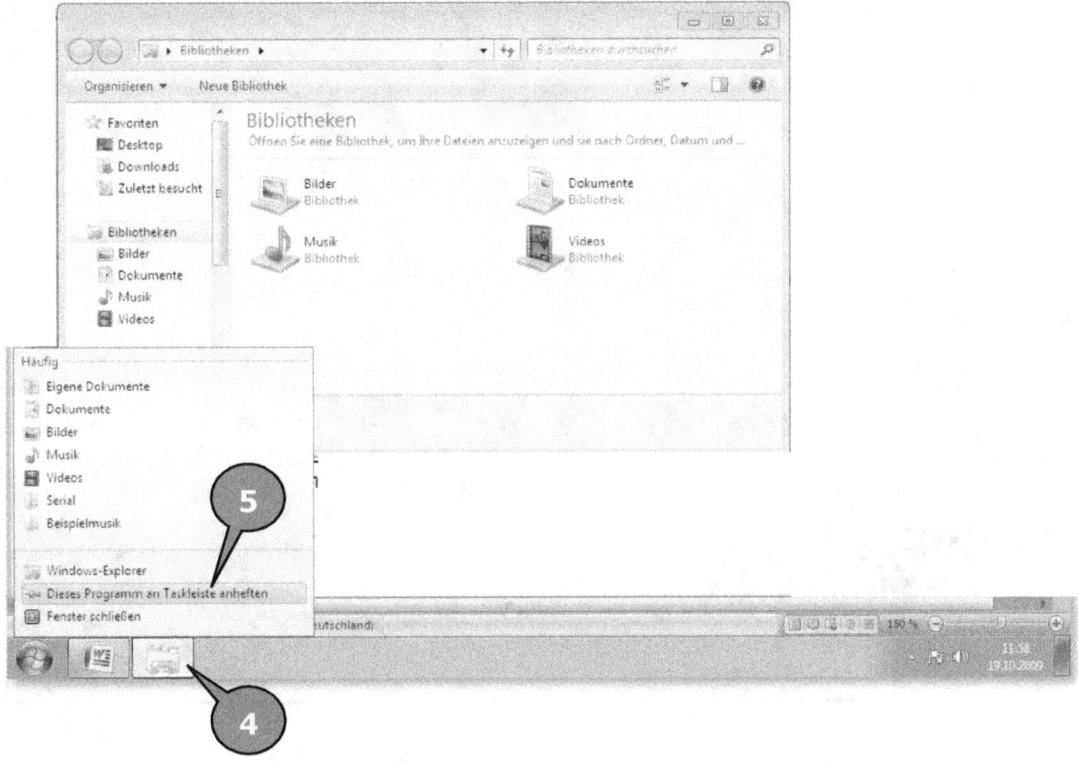

Künftig wird das **Windows-Explorer**-Piktogramm schon beim Windows-Start an dieser Stelle erscheinen. Wenn Sie den Windows-Explorer oder ein anderes

Digitalkamera und dann? - Windows 7

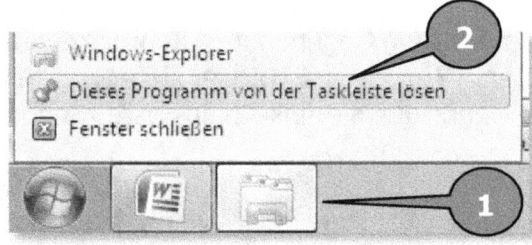

Programm nicht mehr in der Taskleiste haben wollen, können Sie es auch wieder von da entfernen. Dazu bewegen Sie den Mauszeiger auf das entsprechende Piktogramm (Pfeil 1), drücken einmal kurz die linke Maustaste und wählen den Befehl **Dieses Programm von der Taskleiste lösen** (Pfeil 2) per Linksklick aus.

Schauen Sie sich die linke Seite des Windows-Explorers mal genau an. Wenn Sie sich mit dem Mauszeiger der linken Spalte des Windows-Explorers nähern, erscheinen links neben den Ordnernamen kleine Dreiecke. Die schwarzen Dreiecke zeigen dabei nach rechts unten (Pfeil 1) und die transparenten Dreiecke zeigen nach rechts (Pfeil 2).

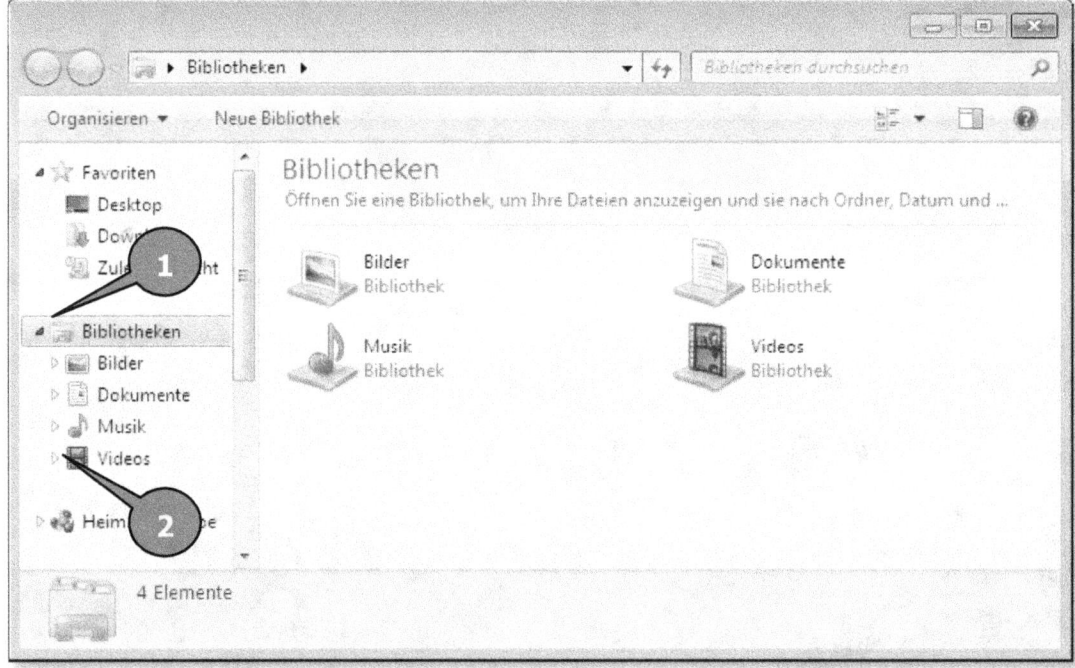

Das schwarze Dreieck zeigt Ihnen an, dass der Ordner „aufgeklappt" ist. D.h. die Ordner die darunter aufgelistet sind und etwas nach rechts versetzt sind, sind Unterordner dieses Hauptordners. Ein transparentes Dreieck zeigt Ihnen an, dass sich in diesem Ordner noch mindestens ein Unterordner befindet, den Sie aber zur Zeit nicht sehen können, weil dieser Ordner mit dem transparenten Dreieck nicht „aufgeklappt" ist. Um nun zu sehen, was in diesem Ordner verborgen ist, müssen Sie lediglich einmal auf das kleine transparente Dreieck klicken. Das klappt den Ordner auf und Sie sehen alle Unterordner etwas nach rechts versetzt. Aus dem transparenten Dreieck ist jetzt ein schwarzes Dreieck geworden. Der Ordner ist ja jetzt auch aufgeklappt. Je nach dem, wie viele Ordner man hat und wie viele davon aufgeklappt sind, wird die Sache ziemlich unübersichtlich. Deshalb können Sie die Ordner bei Bedarf natürlich auch wieder „zuklappen". Dazu müssen Sie nur einmal auf das entsprechende schwarze Dreieck klicken.

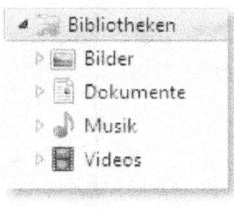

Im linken Beispielbild sehen Sie den Ordner **Bibliotheken** aufgeklappt. Alle anderen Ordner sind zugeklappt.

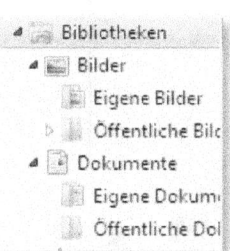

In diesem Bild sind neben dem Ordner **Bibliotheken** auch die Ordner **Bilder** und **Dokumente** aufgeklappt.

Je nachdem, wie tief Sie die Ordnerstruktur anlegen, werden die Ordnernamen in der linken Spalte des Windows-Explorers abgeschnitten. Das ist natürlich nicht besonders hilfreich für die Orientierung ☺. Damit Sie die Übersicht wieder verbessern können, können Sie die Breite der linken Spalte variieren. Dazu bewegen Sie den Mauszeiger genau auf die Trennlinie zwischen linker und rechter Spalte (Pfeil 1). Jetzt können Sie diese Trennlinie mit gedrückter linker Maustaste horizontal verschieben.

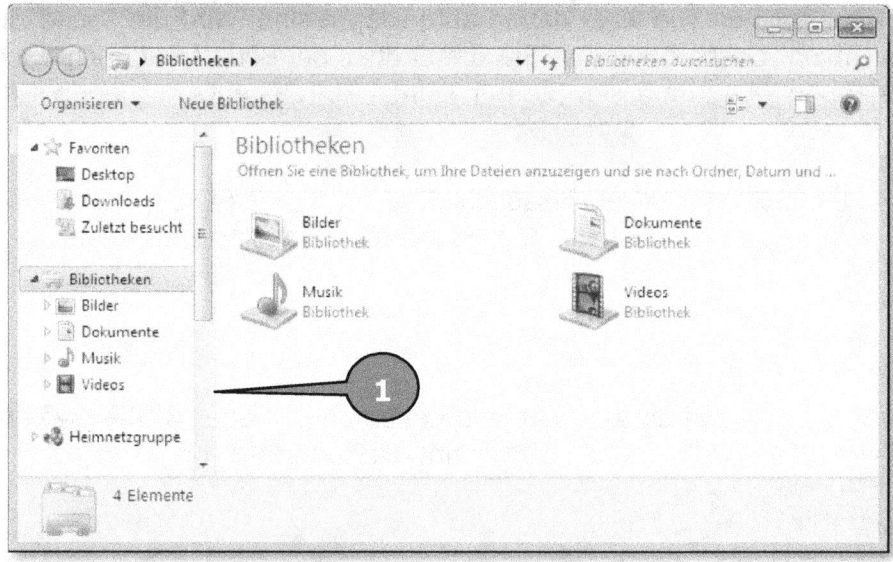

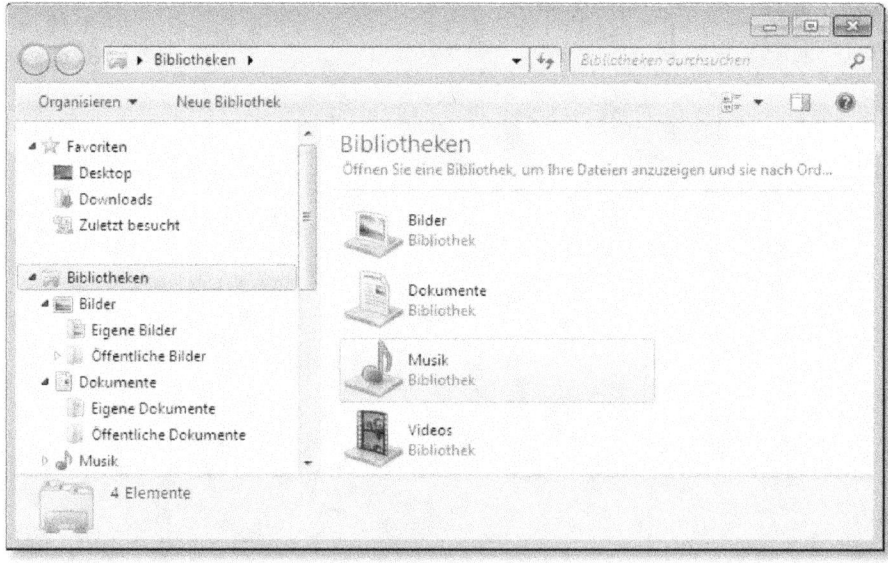

Wir möchten uns den Ordner **Bibliotheken/Bilder/Eigene Bilder** mal von innen ansehen. Um nun diesen Ordner zu aktivieren, klicken Sie in der linken Ordnerleiste einmal auf dessen Symbol (Pfeil 1).

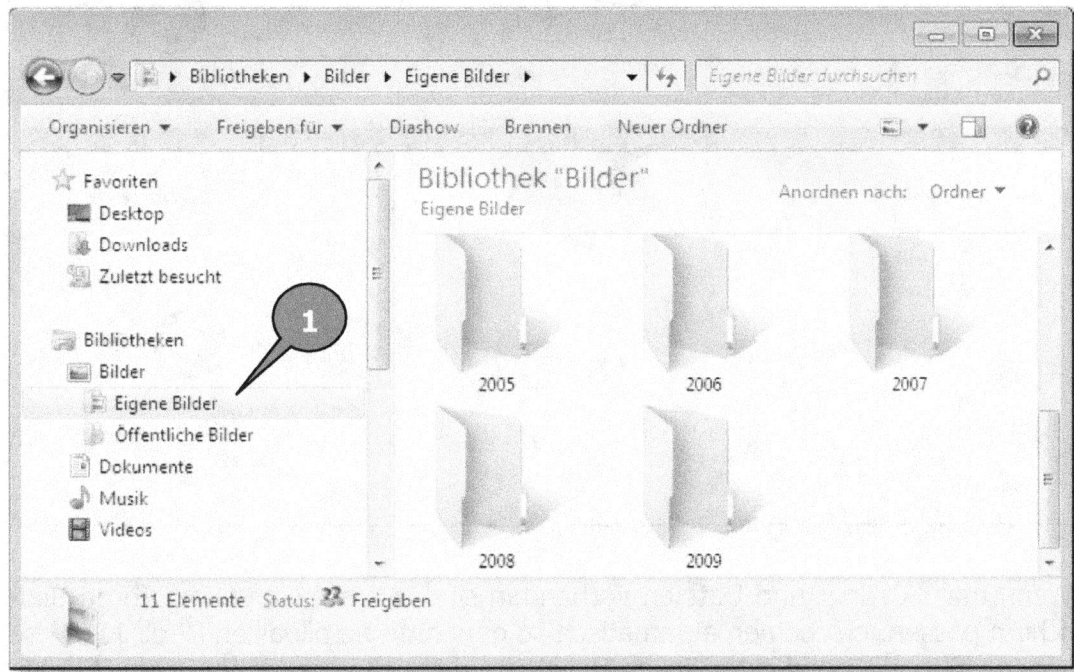

Damit sehen Sie auf der rechten Seite des Windows-Explorers alle Unterordner und auch, falls vorhanden einzelne Dateien, die nicht in Unterordnern sind. Auf der linken Seite des Windows-Explorers müssen Sie einen Ordner nur einmal anklicken, um in diesen Ordner hinein zu gelangen. Sie sehen dann dessen Inhalt auf der rechten Seite dieses Fensters. Auf der rechten Seite des Windows-Explorers können Sie auch in einen Unterordner wechseln. Dazu müssen Sie diesen aber doppelklicken. D.h. Sie müssen zweimal schnell hintereinander auf die linke Maustaste drücken. Und dabei darf die Maus auch nicht um ein Pixelchen verrutschen.

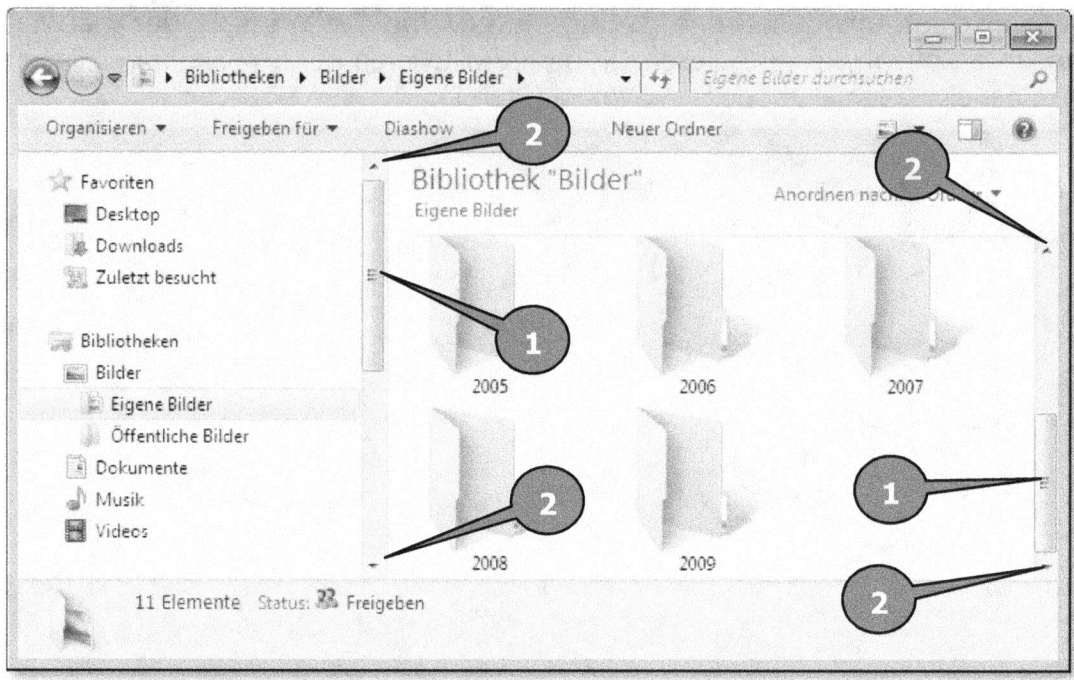

Wenn mehr Ordner und Dateien vorhanden sind, als auf einmal auf Ihren Bildschirm passen, erscheinen automatisch so genannte Scrollbalken (Pfeil 1). Diese können Sie, mit gedrückter linker Maustaste, schnell verschieben. Oder Sie klicken auf die Pfeile an den Enden der Scrollbalken (Pfeil 2) um den Balken schrittweise zu verschieben.

Bibliotheken

Der Ordner **Bibliotheken** ist der zentrale Sammelplatz für alle Ihre Daten. Das hat einige Vorteile. Zum Einen finden Sie den Ordner im **Windows-Explorer** immer sehr schnell, da er, in der linken Spalte immer in zentraler Position angezeigt wird. Im Ordner **Bibliotheken** befinden sich bereits vorinstallierte Unterordner wie etwa **Bilder**, **Dokumente**, **Musik** und **Videos**. Dazu können Sie sich beliebige neue Unterordner anlegen. Z.B. **Downloads**, **Kalkulationen**, **Präsentationen** usw. Die Ordner sollten sinnvolle Namen bekommen, damit Sie als Anwender, auch nach längerer Zeit sofort assoziieren können, was sich in diesem Ordner befindet. Wenn Sie eine Datensicherung durchführen, und das sollten Sie von Zeit zu Zeit tun, wissen Sie, dass Sie den gesamten Inhalt des Ordners **Bibliotheken** sichern müssen. So können Sie nie Daten vergessen zu sichern.

Namenskonventionen

Solange Sie Ihre Daten ausschließlich auf Windows-Systemen benutzen wollen, können Sie verhältnismäßig flexibel bei der Namensvergabe sein. Sie können die Buchstaben von a-z, A-Z, deutsche Umlaute wie äÄöÖüÜ und ß, die Zahlen von 0-9, den Punkt ., den Bindestrich (Minus-Zeichen) -, den Unterstrich _ und auch Leerzeichen benutzen. Auch Sonderzeichen aus der Reihe über den Zahlen auf Ihrer Tastatur sind teilweise möglich. Und sogar das @ und der € sind erlaubt. Der Schrägstrich / (Slash) geht allerdings nicht. Und der Backslash \ auch nicht.

Es hat sich allerdings bewährt, sich bei der Zeichenauswahl etwas zu beschränken. Und das aus gutem Grund. Sobald Sie Ihre Daten, ich rede hier nicht nur von Fotos, auf einem anderen Computersystem benutzen wollen, kann und wird es zu Problemen kommen. Sagen Sie jetzt nicht, Sie würden Ihre Daten nur auf Ihrem PC benutzen ☺. Haben Sie einen DVD-Spieler im Wohnzimmer? Wenn Sie dort eine CD oder DVD einlegen, auf der sich nur Fotos befinden, wird dort eine Dia-Show gestartet. Das funktioniert aber nur dann, wenn die Datei- und Ordnernamen ein ganz bestimmtes Aussehen haben. Es dürfen nämlich nur die Zeichen a-z, A-Z, 0-9 und der Unterstrich _ (Shift-Bindestrich) als Namen benutzt werden. Keine Umlaute, keine Sonderzeichen und auch keine Leerzeichen.

Welche Namen sind sinnvoll?

Das ist leicht zu beantworten. Zum Einen sollten Namen immer einen Bezug zum Inhalt der Datei oder des Ordners haben. Zum Anderen sollten Sie kompatibel zu anderen Computersystemen sein. Wann weiß schließlich nie, was man damit mal machen will. Und dann wäre es auch nicht verkehrt eine Zeitinformation, also z.B. das Datum, mit in dem Namen unterzubringen. Ein sinnvoller Ordnername für Fotos wäre etwa **Meine_Geburtstagsparty_260608**. Der vordere Teil erklärt, um welchen Anlass es geht. Der hintere Teil des Namens ist das Datum in sechsstelliger Form (TTMMJJ). Und damit ich kein Leerzeichen verwenden muss, um eine optische Trennung zwischen den Informationsblöcken zu haben, benutze ich den Unterstrich. Das ist sehr übersichtlich und gleichzeitig informativ.

Wo sollen die Fotos hin?

Windows 7 bringt schon einen passenden Speicherort mit. Im Ordner **Bibliotheken** ist bereits ein Unterordner **Bilder** und darin ein weiterer Unterordner Namens **Eigene Bilder**. Wenn Sie sich immer daran halten, werden Sie zukünftig Ihre Fotos immer schnell und sicher wiederfinden.

Eine bewährte Ordner-Struktur

Ich wollte zweierlei bei meiner Ordner-Struktur erreichen. Erstens wollte ich schon am Namen erkennen, wo die Fotos aufgenommen wurden und zweitens wann. Meine Eltern haben zahlreiche Fotos in einem Schuhkarton. Und Sie können mir glauben, dass die Erinnerungen daran, wo und wann ein Foto aufgenommen wurde, recht lückenhaft sind. Dummerweise hat auch niemand was auf die Rückseite der Fotos geschrieben. Das sollte mir nicht passieren. Zunächst habe ich Jahresordner angelegt. Die heißen einfach 1999, 2000, 2001 usw. In diesen Jahresordnern sind Unterordner für jedes Ereignis, bei dem ich fotografiert habe. Diese Ereignis-Unterordner haben nicht nur eine namentliche Beschreibung, sondern enthalten auch das Datum der Aufnahmen in Ihrem Namen. Die Datum-/Zeitinformationen sind zwar in jedem Foto gespeichert, können aber beim unachtsamen Umkopieren, z.B. auf eine CD, verloren gehen. Beim CD-brennen kann man nämlich festlegen, welches Datum die Dateien erhalten sollen. Da reicht schon ein versehentlicher Klick und die Information ist unwiderruflich verloren. Das Hinzuschreiben des Datums kostet nun auch nicht wirklich viel Zeit. Früher habe ich übrigens das Datum nach vorne gesetzt. Und zwar nach diesem Muster: JJMMTT, also Jahr-Monat-Tag. Das hatte den Vorteil, dass die Unterordner exakt chronologisch in jedem Jahresordner waren. Das hat sich bei mir aber nicht bewährt. Wenn jemand ein Foto von mir haben wollte, hat er nämlich nie gefragt, ob ich ein Foto von diesem oder jenem Datum hätte, sondern immer, ob ich eines von dieser oder jener Veranstaltung hätte.

Beliebige Ordner selber anlegen

So. Schluss mit der grauen Theorie. Jetzt müssen Sie selber Ordner anlegen. Sie sollen im Ordner **Eigene Bilder** einen Unterordner **2009** und darin einen Unterordner **Cornwall_100409** anlegen. Klicken Sie dazu zunächst links im Windows-Explorer auf **Bibliotheken/Bilder/Eigene Bilder**. Sie sehen jetzt auf der rechten Seite den Inhalt dieses Ordners. Er enthält, in diesem Beispiel, bereits die Jahresordner 1999-2008 und weitere Unterordner. Denken Sie daran: Auf Ihrem PC sieht das wahrscheinlich anders aus. Noch ☺.

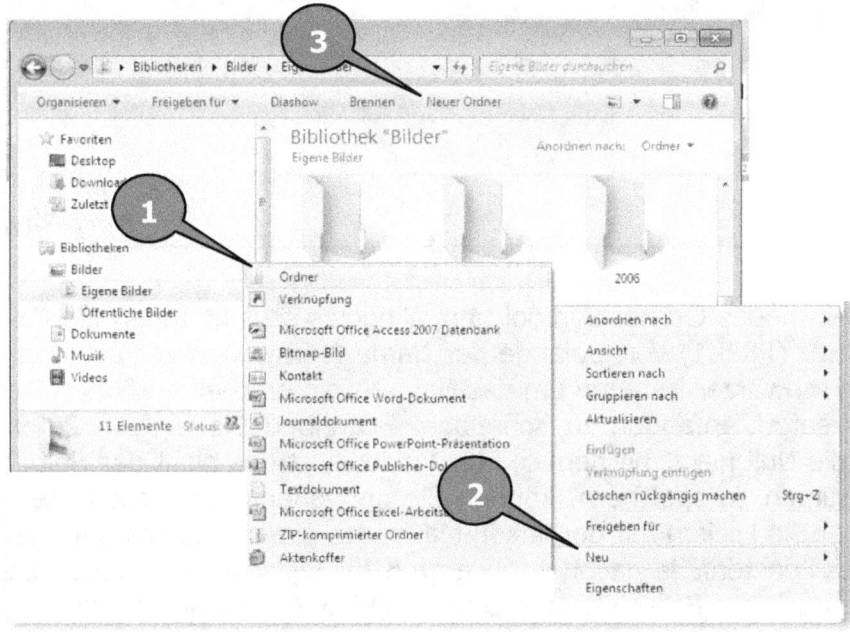

Bewegen Sie den Mauszeiger auf der rechten Seite des Windows-Explorer irgendwohin, wo keine Symbole von Ordnern oder Dateien sind. Meist ist dort mehr leere weiße Fläche als alles andere. Drücken Sie jetzt einmal ganz kurz auf die rechte Maustaste um das Kontextmenü zu öffnen. Gehen Sie mit dem Mauszeiger auf den Befehl **Neu** (vorherige Seite, Pfeil 1). Warten Sie, bis seitlich ein weiteres Menü aufklappt. Bewegen Sie den Mauszeiger exakt in dem blauen Balken von Neu bis in das neue Menü. Klicken Sie dort mit der linken Maustaste einmal auf den Befehl **Ordner** (vorherige Seite, Pfeil 2).

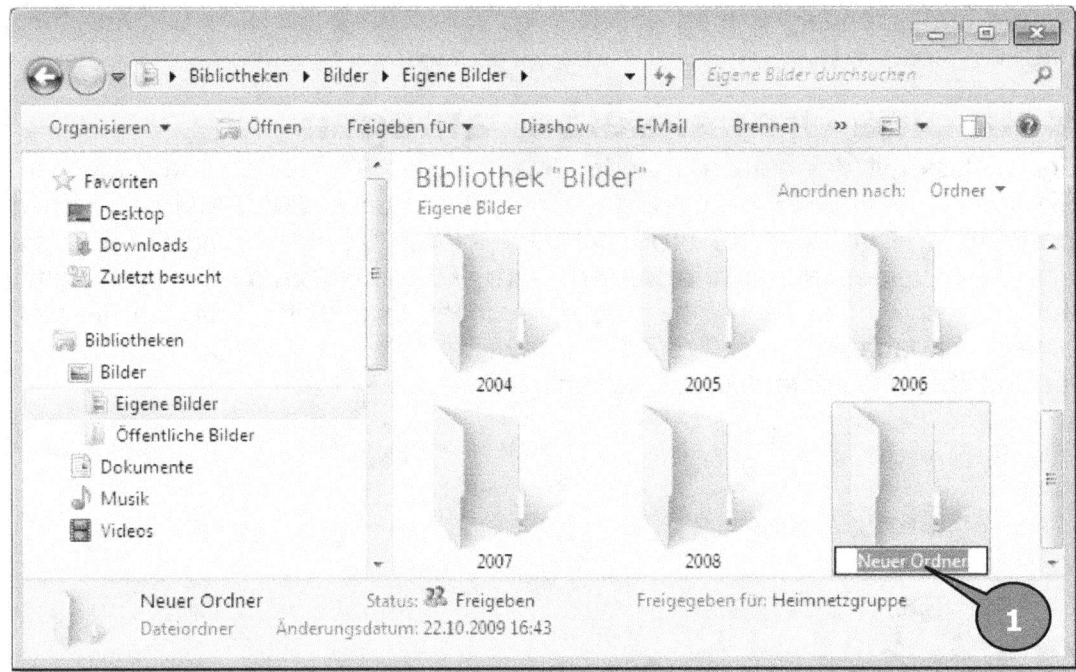

Sofort erscheint ein neues Ordner-Symbol und Windows schlägt Ihnen als Namen **Neuer Ordner** (Pfeil 1) vor. Solange der Name **Neuer Ordner** blau hinterlegt ist und ein schwarzer Rahmen um das Namensfeld erscheint, können Sie auf der Tastatur sofort anfangen zu schreiben. Schreiben Sie einfach 2009. Verwechseln Sie die Null nicht mit dem o. Für Windows ist das nicht das Selbe! Um den neuen Namen zu speichern, können Sie entweder einmal die **Enter**-Taste drücken oder Sie klicken mit der linken Maustaste einmal irgendwo in den leeren Bereich des Fensters. Je nachdem, wie groß Ihr Bildschirm ist, erscheint in der Menüleiste auch ein Befehl **Neuer Ordner** (Pfeil 3 vorherige Seite). Sie können auch einmal darauf klicken um einen neuen Ordner anzulegen. Die Namensvergabe funktioniert dann genauso, als ob Sie den neuen Ordner über die rechte Maustaste angelegt hätten.

Uups. Da ist es mir doch glatt passiert. Statt 2009 habe ich 2oo9 (Pfeil 1) geschrieben. Ich könnte jetzt natürlich diesen Ordner einfach löschen und neu anlegen. Noch ist in dem Ordner ja nichts drin. Das wäre also einfach.

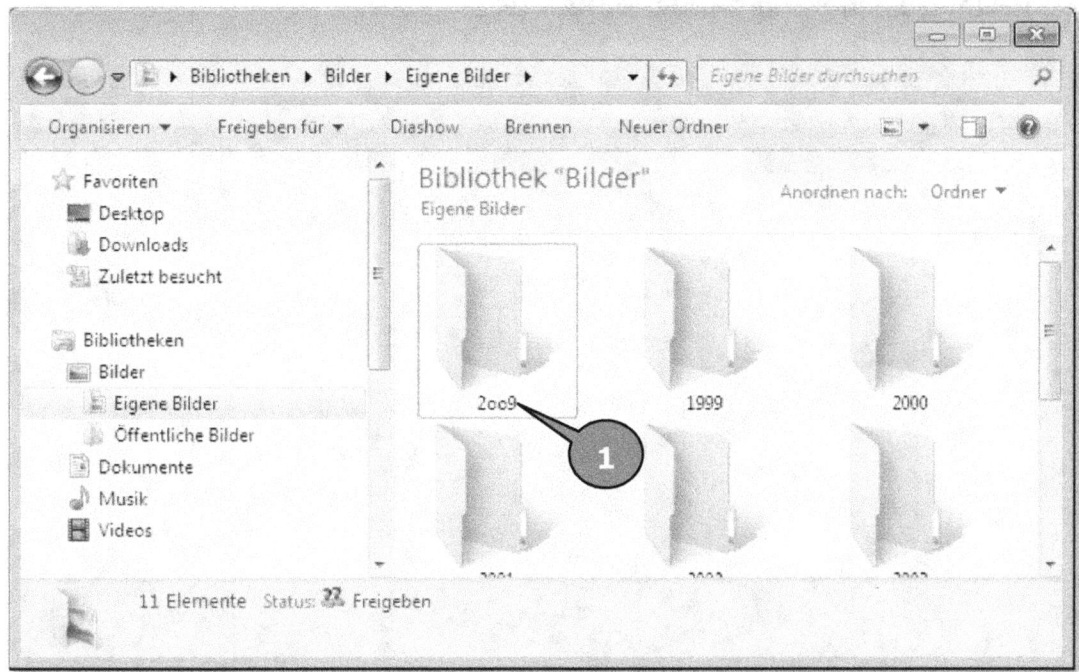

Was aber, wenn Sie den Fehler erst viel später bemerken und in dem Ordner schon jede Menge drin ist? Löschen wäre dann ein fataler Fehler. Die gute Nachricht ist. Man kann jeden Ordner und jede Datei immer wieder umbenennen. Wenn man solche Eingabefehler macht, stehen die Chancen allerdings nicht schlecht, dass man das sofort bemerkt. Da der Windows-Explorer gerne Ordnung hält, werden die Symbole nämlich alphanumerisch geordnet. Sie hätten also annehmen können, dass der neue Ordner 2009 direkt hinter oder in der Reihe unter dem Ordner 2008 auftaucht. Tut er aber nicht, weil das o eben keine 0 ist.

Ordner umbenennen

Um einen Ordner umzubenennen, bewegen Sie den Mauszeiger genau auf dessen Symbol, drücken einmal kurz die rechte Maustaste und wählen aus dem Kontextmenü den Befehl **Umbenennen** (Pfeil 1) aus.

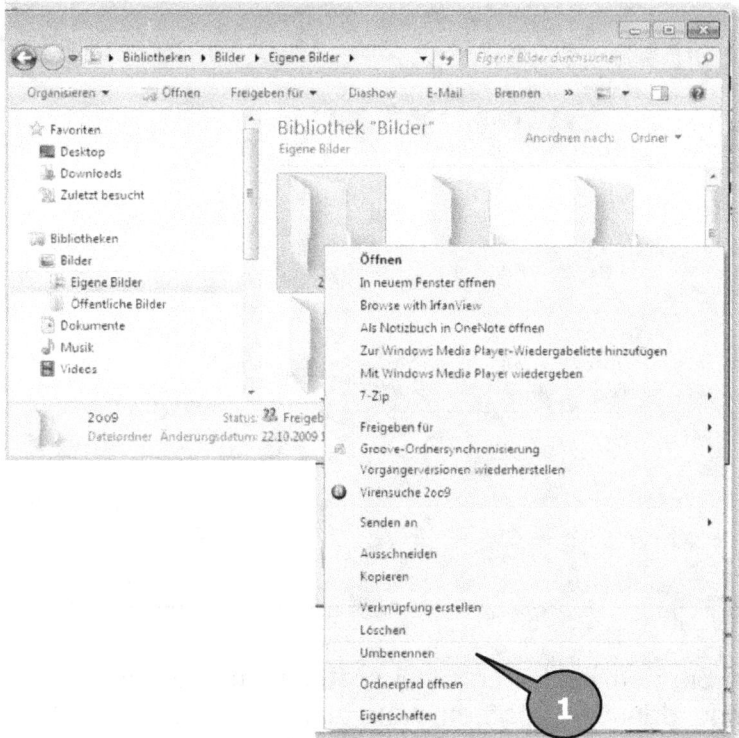

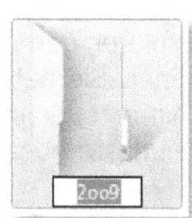

Sofort können Sie den Namen wieder ändern. Diesmal schreiben Sie 2009. Der Name kann übrigens auch geändert werden, indem man mit dem Mauszeiger genau auf den Namen geht und die linke Maustaste für etwa eine Sekunde gedrückt hält. Das ist ein typischer Anfängerfehler beim markieren von Dateien bzw. Ordnern. Ein ganz kurzer Klick reicht beim Markieren aus! Wenn Sie nach der Namensänderung die Enter-Taste drücken, wird nicht nur der neue Name gespeichert. Der Ordner wird auch sofort alphanumerisch sortiert.

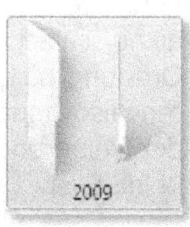

Ordner löschen

Nicht mehr benötigte Ordner sollte man auch mal löschen. Das erhöht dauerhaft die Übersicht ☺. Um einen Ordner zu löschen, gehen Sie mit dem Mauszeiger genau auf den Ordner, drücken einmal kurz auf die rechte Maustaste und wählen aus dem Kontextmenü den Befehl **Löschen**. In diesem Beispiel tun Sie einfach mal so, als würden Sie den Ordner **Beispielbilder** nicht mehr benötigen. Bewegen Sie also den Mauszeiger genau auf dessen Symbol (Pfeil 1), drücken Sie einmal kurz die rechte Maustaste und wählen Sie den Befehl **Löschen** (Pfeil 2) durch einen Linksklick aus.

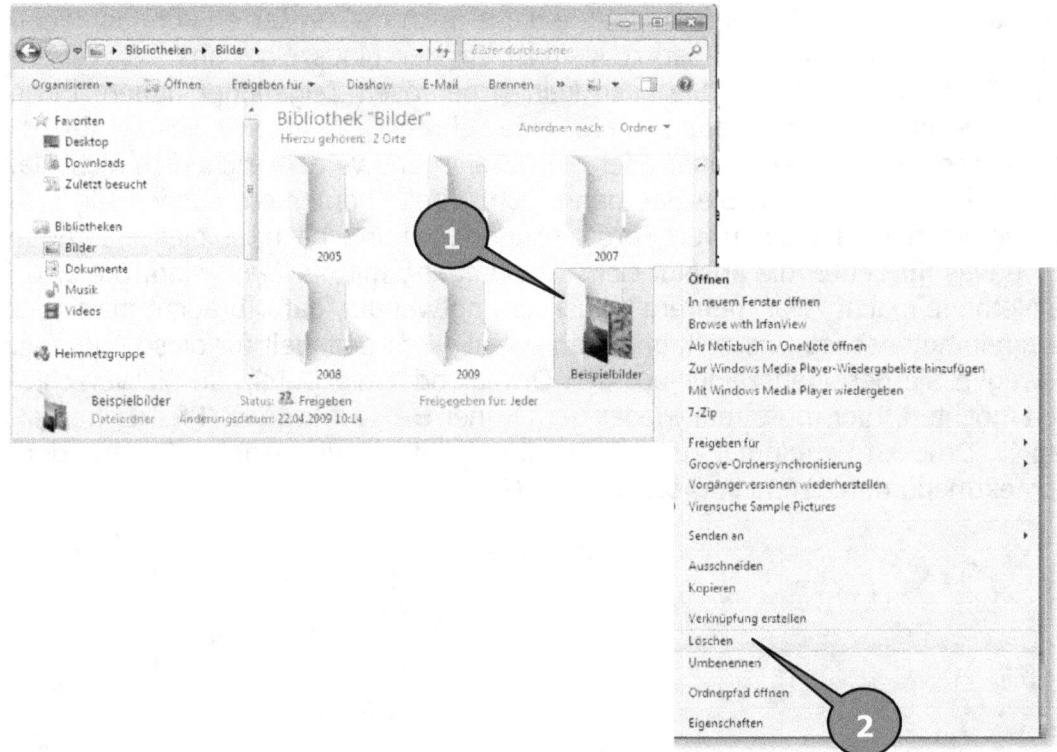

Es erscheint noch eine Sicherheitsabfrage. Wenn Sie sich sicher sind, klicken Sie auf **Ja**. Wenn Ihnen Zweifel aufkommen, klicken Sie jetzt lieber auf **Nein** und überprüfen Sie nochmal, ob das Objekt wirklich gelöscht werden kann. Denken Sie immer daran, dass auch der gesamte Inhalt des Ordners, sofern etwas darin ist, gelöscht wird!

Ordner verschieben

Für das Verschieben von Ordnern gibt es grundsätzlich zwei Methoden. Eine ganz simple, die aber ein gewisses Risiko in sich birgt und eine, die aufwändiger aber dafür wesentlich sicherer in der Handhabung ist. Fangen wir mit der einfachen und riskanten Methode an. Man kann Ordner und natürlich auch Dateien mit der Maus auf einen anderen Ordner ziehen. Dazu bewegt man den Mauszeiger, auf der rechten Seite des Windows-Explorers, auf das zu verschiebende Objekt, hält die linke Maustaste gedrückt und zieht so das Objekt auf den gewünschten Zielordner in der linken Seite des Windows-Explorers. Klingt ganz einfach, ist es aber gerade für Anfänger nicht. Sie müssen zum Einen natürlich die Maus fest im Griff haben, damit Sie diese auch mal umsetzen können, wenn Ihr Schreibtisch oder Mousepad zu klein ist um den Mauszeiger ans Ziel zu bringen. Zum Anderen dürfen Sie auch keinen nervösen Zeigefinger haben. Denn wenn Sie unterwegs mal, auch nur für eine zehntel Sekunde, die linke Maustaste loslassen, landet der Ordner oder die Datei irgendwo aber sicherlich nicht da, wo sie hin sollte. Wenn Sie das dann nicht direkt bemerken, suchen Sie sich später einen Wolf nach Ihren Fotos. Meiner Meinung nach ist diese Methode nur etwas für Leute, die absolut sicher im Umgang mit der Maus sind. Die zweite Methode macht zwar mehrere Mausklicks notwendig, dafür braucht man aber kein feinmotorisches Geschick und man hat alle Zeit der Welt für diese Aufgabe. Bewegen Sie den Mauszeiger auf den Ordner oder die Datei, die Sie verschieben möchten. Hier muss mal wieder der Ordner **Beispielbilder** (Pfeil 1) herhalten ☺. Drücken Sie einmal kurz die rechte Maustaste und wählen Sie aus dem Kontextmenü den Befehl **Ausschneiden** (Pfeil 2).

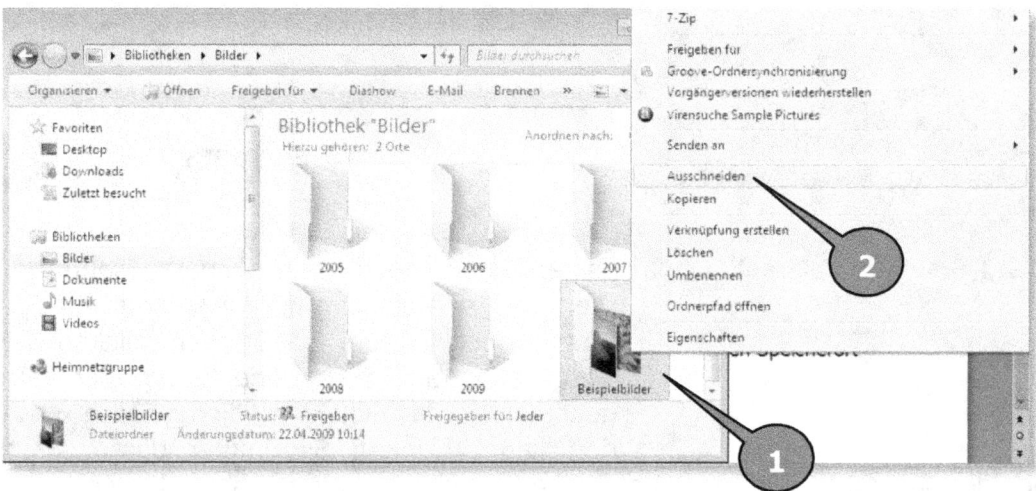

Das auszuschneidende Objekt erscheint jetzt in blassen Farben. Gehen Sie in den gewünschten neuen Zielordner. Bewegen Sie den Mauszeiger auf der rechten Seite des Windows-Explorers irgendwo in die leere weiße Fläche. Drücken Sie einmal kurz die rechte Maustaste und wählen Sie aus dem Kontextmenü den Befehl **Einfügen**. Und schon sind Sie fertig. Sie haben den gewünschten Ordner von seinem alten Speicherort an seinen neuen Speicherort verschoben.

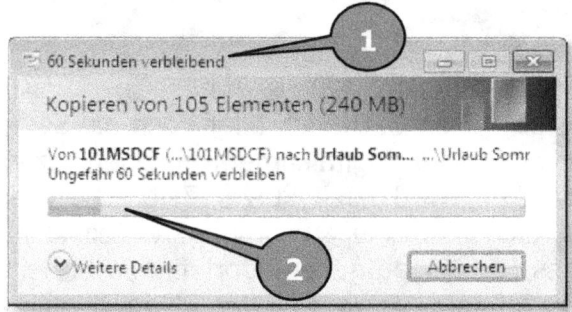

Naja. Je nach Datenmenge kann das natürlich auch mal was dauern. Haben Sie z.B. mehrere hundert Fotos in dem zu verschiebenden Ordner, wird der Windows-Explorer in einem kleinen Fenster u. U. die ungefähre Zeit anzeigen, die noch benötigt wird (Pfeil 1). Zusätzlich sehen Sie einen grünen Fortschrittsbalken (Pfeil 2), an dem Sie erkennen können, wie weit die Sache gediehen ist.

Ordner kopieren

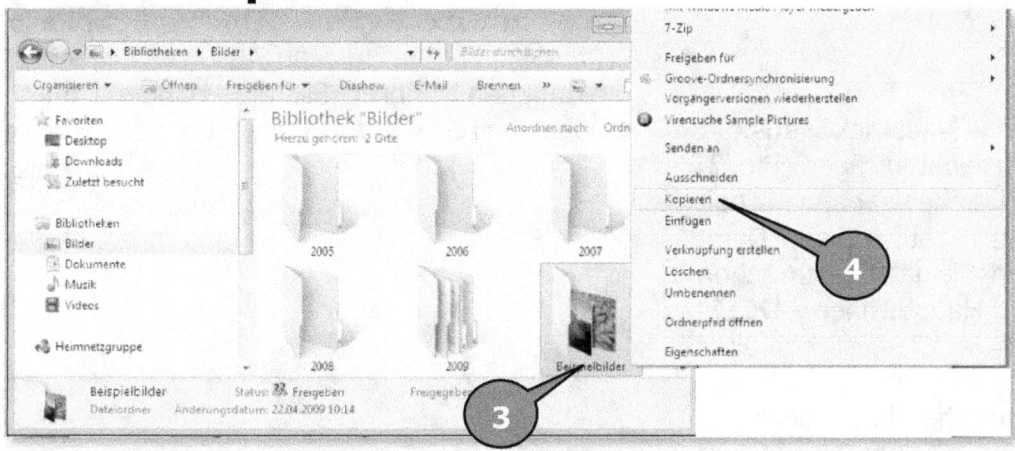

Technisch geht das Kopieren eines Ordners genauso, wie das Verschieben mit der 2. Methode. Sie bewegen den Mauszeiger auf den zu kopierenden Ordner (Pfeil 3), klicken einmal kurz auf die rechte Maustaste und wählen diesmal den Befehl **Kopieren** (Pfeil 4). Jetzt erscheint der Ordner aber nicht in blassen Farben. Suchen Sie jetzt Ihren Zielordner auf. Bewegen Sie den Mauszeiger auf der rechten Seite des Windows-Explorers irgendwo in die leere weiße Fläche. Drücken Sie einmal kurz die rechte Maustaste und wählen Sie den Befehl **Einfügen**. Der Ordner wird jetzt an den gewünschten Speicherort kopiert. Anders als beim Verschieben verbleibt der Ordner aber zusätzlich an seinem Ursprungsort. Wenn Sie einen Ordner kopieren, haben Sie ihn danach zweimal. Das macht vor allem dann Sinn, wenn Sie diesen Ordner auf ein externes Medium kopieren wollen. Z.B. auf einen USB-Stick oder eine externe Festplatte. Oder Sie möchten irgendwelche Experimente mit Ihren Fotos machen, von denen Sie nicht wissen, ob die gut ausgehen. Das sollte man nur mit Kopien machen!

Autostart

Wenn Sie einen Wechseldatenträger, also eine CD, einen USB-Stick oder eben die Speicherkarte einer Digitalkamera einlegen, bzw. einstecken, wird nach kurzer Zeit (kann bei CDs auch mal eine etwas längere Zeit sein) dieses Fenster aufgehen. Dort finden Sie ein Menü, in dem Sie verschiedene Möglichkeiten anklicken können. Sie können sofort entscheiden, was Sie mit dem Wechseldatenträger machen möchten. In unserem Beispiel möchten Sie den **Ordner öffnen, um Dateien anzuzeigen mit Windows-Explorer** (Pfeil 1). Wer hat diesen Ausdruck eigentlich verbrochen? Führen Sie diesen Befehl durch einen Mausklick aus. Sie landen direkt auf dem Entsprechenden Wechseldatenträger (Pfeil2) und sehen den Inhalt dieses Laufwerks. Darin sehen Sie jetzt auch schon den Hauptordner **DCIM** (Pfeil 3). Das ist bei allen Digitalkameras, die ich bisher gesehen habe gleich. In diesem Ordner wiederrum befindet sich immer ein Ordner Namens **100PANA, 100PENTX** oder

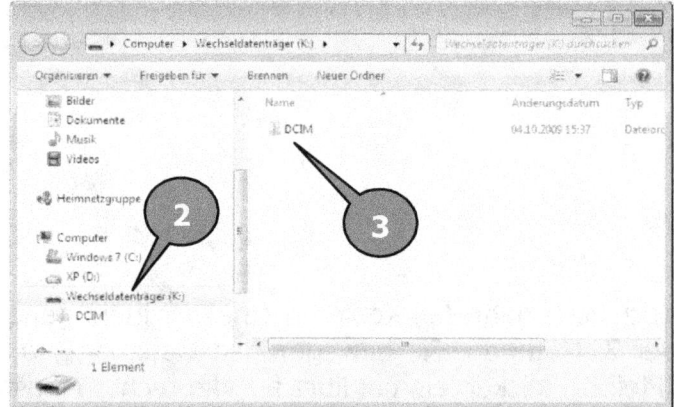

101MSDCF. Und in diesem Ordner befinden sich dann Ihre Fotos. Da kocht

jeder Hersteller sein eigenes Süppchen. Die Namensstruktur sollte aber den drei Beispielen zumindest ähnlich sein.

Wo ist meine Speicherkarte?

Aber was macht man, wenn der Autostart abgeschaltet ist? Oder Sie haben anstatt auf **Ordner öffnen** auf eine andere Schaltfläche geklickt? Dann öffnet der Windows-Explorer nämlich nicht gleich das Laufwerk. Klicken Sie dann in der linken Windows-Explorer-Spalte auf den Ordner **Computer** (Pfeil 1). Das würde im Windows-Explorer dann etwa so aussehen.

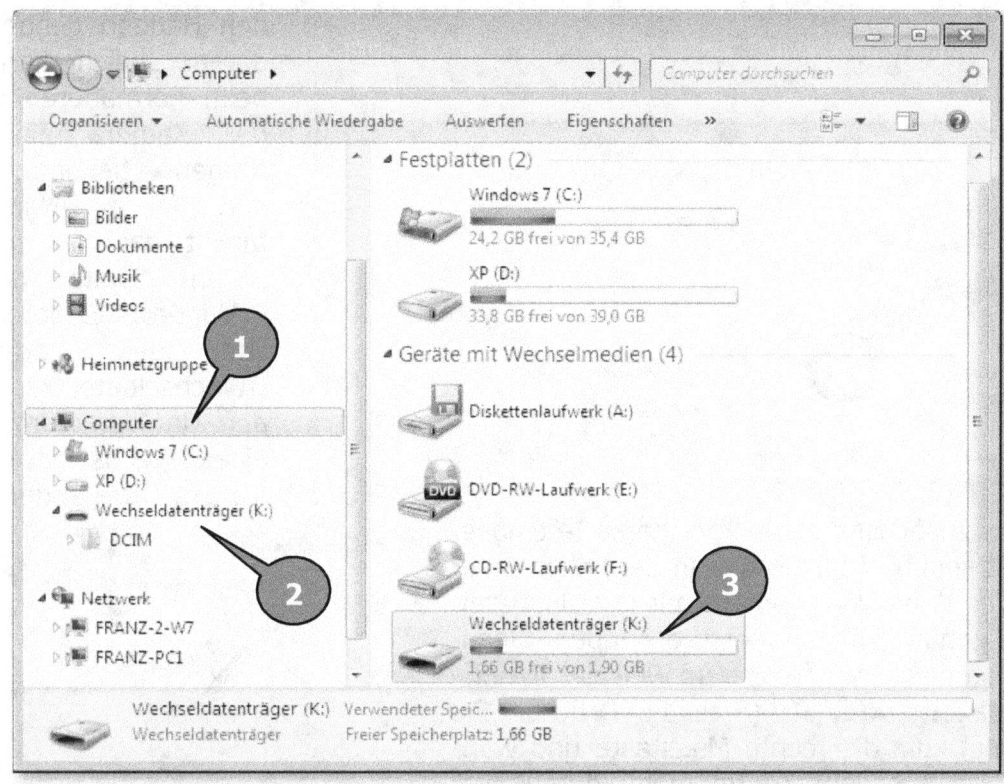

Windows betrachtet den gesamten Computer als einen großen Ordner. Darin sind Unterordner, die den Laufwerken entsprechen, darin wiederum sind dann die Daten- und Programmordner und darin die Unterordner usw. ☺. Ihr Wechseldatenträger wird garantiert mit aufgelistet. Sie sehen ihn jetzt sowohl in der linken Windows-Explorer-Spalte (Pfeil 2), wie auch auf der rechten Seite, zusammen mit den anderen Laufwerken in Ihrem PC (Pfeil 3). Um nun wieder auf

den Wechseldatenträger zu gelangen, können Sie ihn wahlweise in der linken Spalte einmal anklicken oder auf der rechten Seite doppelklicken.
Und siehe da ... Denken Sie immer daran: Bei Ihrem Rechner könnte es ein anderes Laufwerk sein!

Namen für Speicherkarte ändern

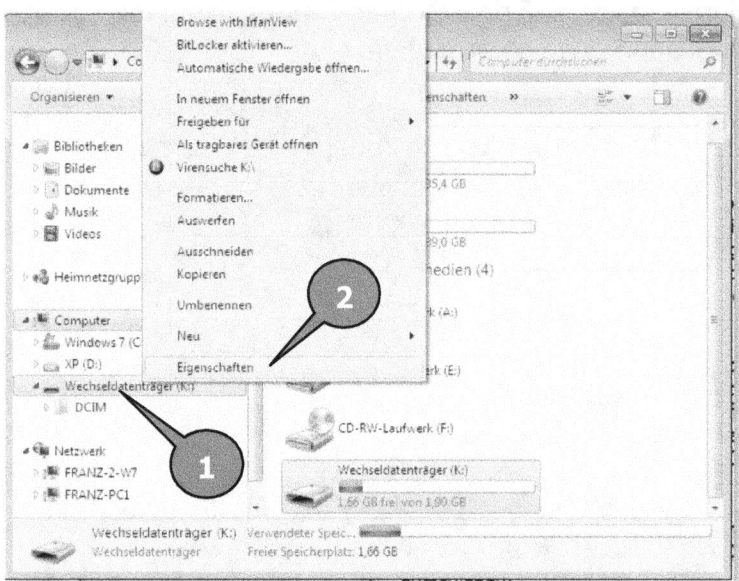

Ich habe bis heute nur ein einziges Mal eine Digitalkamera in den Händen gehabt, deren Speicherkarte beim Formatieren in der Kamera einen Namen bekommen hat. Dieser Name taucht dann in der linken Spalte des Windows-Explorers statt des Wortes Wechseldatenträger auf. Um den Namen eines Wechseldatenträgers zu ändern,

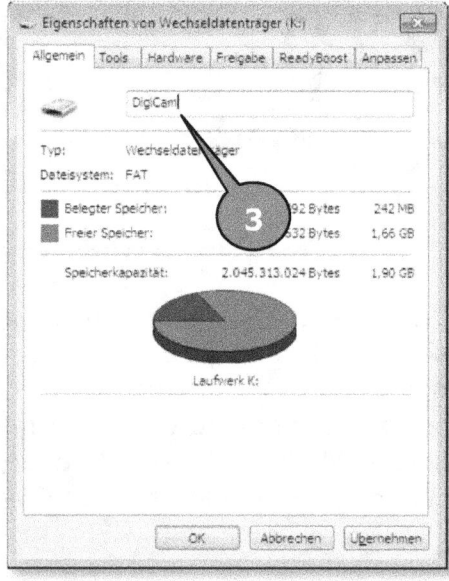

muss zunächst mal die Speicherkarte eingesteckt sein. Gehen Sie nun in der linken Spalte des Windows-Explorers mit dem Mauszeiger genau auf den entsprechenden Wechseldatenträger. In unserem Beispiel **Wechseldatenträger K:** (Pfeil 1). Drücken Sie einmal kurz die rechte Maustaste und wählen Sie aus dem Kontextmenü den Befehl **Eigenschaften** (Pfeil 2) mit einem Klick auf die linke Maustaste aus. Das rechte Fenster öffnet sich. Dort gibt es ein Eingabefeld (Pfeil 3), in das Sie einen Namen Ihrer Wahl, allerdings mit maximal 11 Zeichen, eingeben können. Ich habe mich für den Namen **DigiCam** entschieden.

Digitalkamera und dann? - Für Windows 7

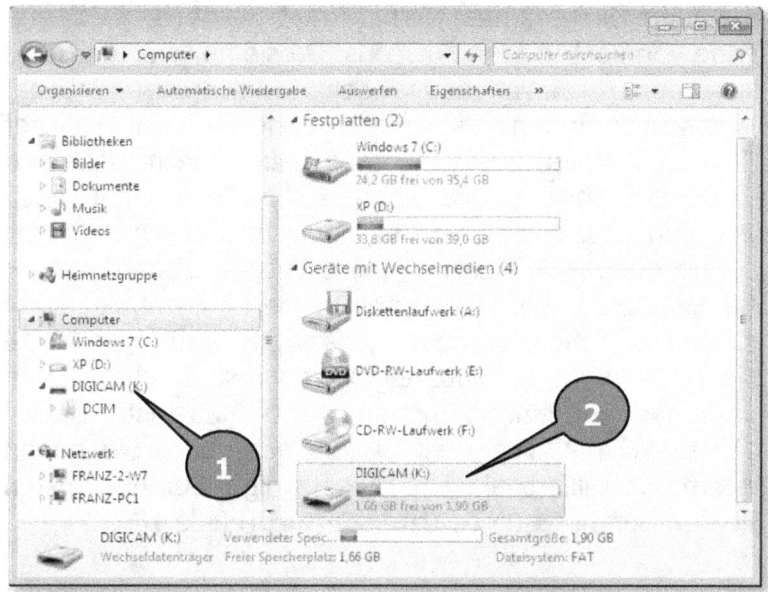

Wie Sie sehen, erscheint jetzt im Windows-Explorer der Name **DigiCam (K:)** (Pfeil 1 &2) statt wie bisher der Name **Wechseldatenträger (K:)**. Diese Methode hat aber einen kleinen Nachteil. Wenn Sie die Speicherkarte in Ihrer Digitalkamera erneut formatieren ist der Name wieder weg. Man muss die Speicherkarte aber nicht jedesmal formatieren. Man kann die darauf enthaltenen Fotos nämlich auch mit dem Windows-Explorer sozusagen von Hand löschen. Siehe Kapitel **Fotos löschen**.

Piktogramm der Speicherkarte ändern

Ein Bild sagt ja bekanntlich mehr als tausend Worte. Deshalb legen Sie da jetzt noch einen Brikett nach. Ein anderer Name ist ja gut und schön. Aber wäre es nicht schöner, die Speicherkarte bekäme auch ein markantes Piktogramm? Etwa das einer Kamera? Da würde sie im Windows-Explorer doch noch besser auffallen. Die Methode können Sie übrigens auch für selbstgebrannte CDs oder USB-Sticks anwenden. Wir machen uns dabei den Windows-Autostart zu nutze. Wenn auf einem Wechseldatenträger eine Datei Namens **AUTORUN.INF** vorhanden ist, werden alle darin enthaltenen Befehle von Windows ausgeführt. Darin enthalten kann natürlich auch der Verweis auf eine Grafik sein. Die Laufwerkspiktogramme oder Icons oder Programmsymbole sind Grafiken von 16x16 Pixel. Sie werden auch als

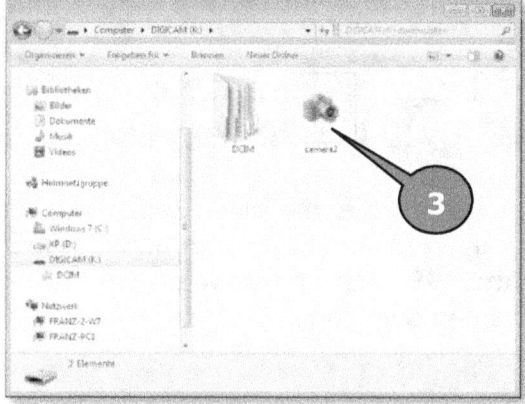

Favicon bezeichnet und haben ein eigenes Grafikformat Namens **.ICO**. Im Internet finden Sie tausende von kostenlosen Favicons. Da sie nur wenige Bytes groß sind, geht der Download sehr schnell. Unter **www.net4web.de/favicon.zip** finden Sie eine kleine Auswahl dieser Favicons. Und die AUTORUN.INF-Datei, ist auch schon dabei. Sie müssen nur noch den Namen des Favicon ändern. Sie können die Datei aber auch problemlos selber anlegen. Zunächst sollten Sie Ihr Wunschpiktogramm in das Hauptverzeichnis Ihrer Speicherkarte kopieren (Pfeil 3, vorige Seite). In der Ansichtsform „Mittelgroße Symbole" oder evtl. noch größeren Symbole, sieht das sehr grobkörnig aus. Man darf nicht vergessen, dass die Grafik nur 16x16 Pixel groß ist. Gehen Sie jetzt mit dem Mauszeiger irgendwo in den leeren Bereich des Fensters und drücken Sie einmal kurz die rechte Maustaste. Dieses Befehlsmenü wird auf Ihrem PC mit Sicherheit anders aussehen. Sie haben sicherlich andere Programme installiert als ich. Aber einige Befehle sollten identisch sein. Wählen Sie den Befehl **Neu/Textdokument** (Pfeile 1&2).

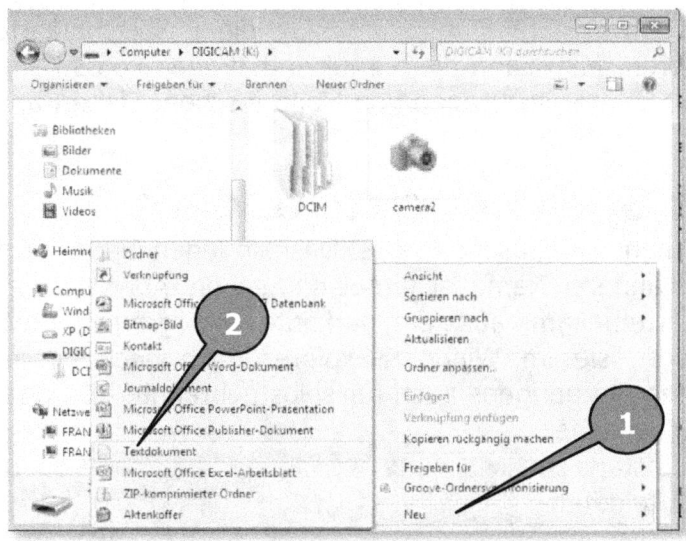

Geben Sie dieser neuen Textdatei den Namen **autorun.inf** und speichern Sie die Datei, in dem Sie einmal die **ENTER**-Taste drücken. Die Datei ist jetzt noch leer. Das ändern wir jetzt. Dazu müssen Sie die Datei **autorun.inf** doppelklicken. Das öffnet die Datei im windows-eigenen Editor. Diesen finden Sie übrigens auch unter **Start/Alle Programme/Zubehör/Editor**.

Schreiben Sie die zwei Zeilen aus der folgenden Grafik in den Editor. Die eckigen Klammern bekommen Sie über die Tastenkombinationen **AltGr+8** und **AltGr+9**. Achtung verwechseln Sie nicht Alt und AltGr! Ändern Sie ggfls. Den Namen des Icons.

Digitalkamera und dann? - Für Windows 7

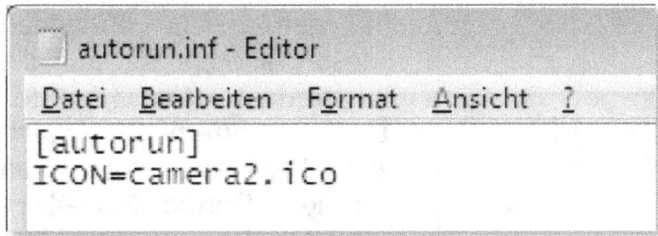

Klicken Sie jetzt auf **Datei/Speichern** (Pfeile 1&2).

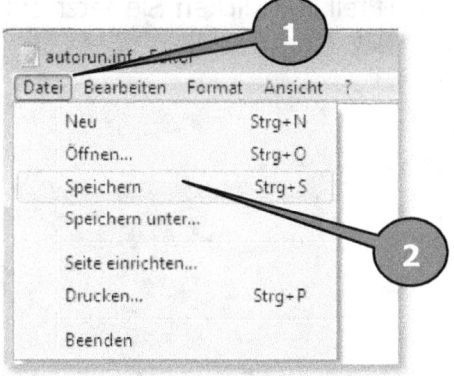

Sie sind aber noch nicht fertig. Windows und der Editor haben nämlich jeder eine Eigenart, die wir ausgerechnet jetzt nicht gebrauchen können. Obwohl wir das im Moment nicht sehen können, speichert der Editor jede Datei mit der Endung .txt. Unsere gerade gespeicherte Datei heißt also zur Zeit noch **autorun.inf.txt**. Und wir können das nicht sehen, weil Windows so voreingestellt ist, dass bekannte Dateitypen unterdrückt werden. Da schaffen wir jetzt Abhilfe. Klicken Sie wie im folgenden Bild auf **Organisieren/Ordner- und Suchoptionen...** (Pfeile 3 & 4).

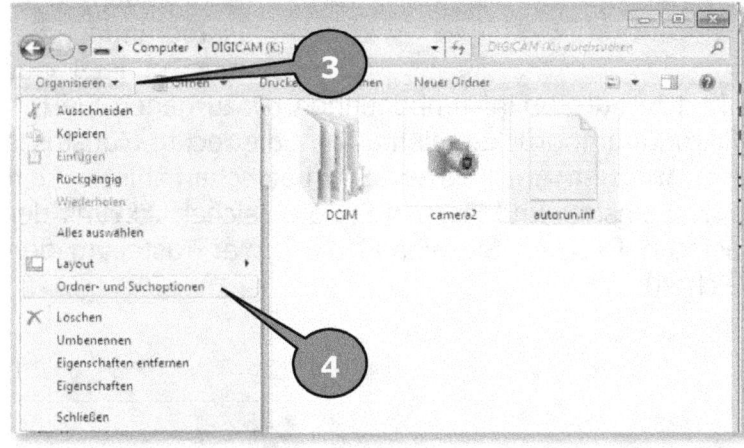

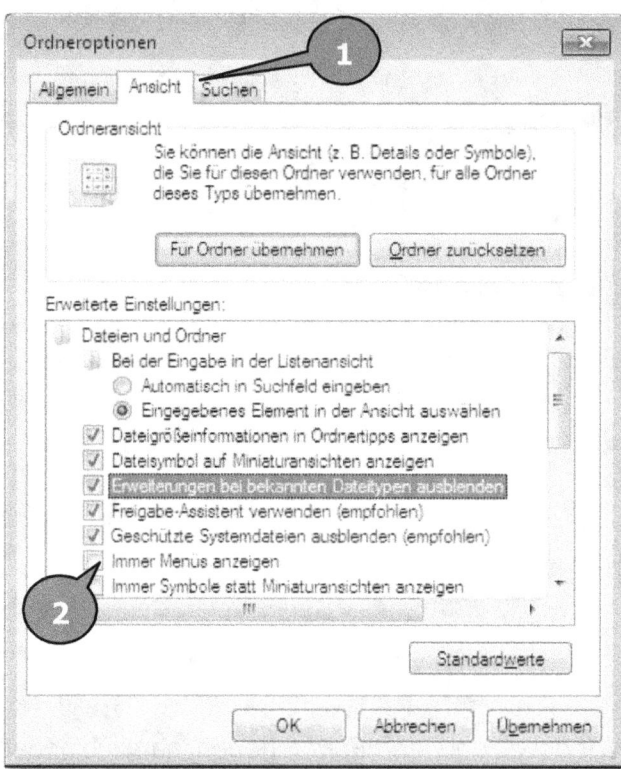

In dem sich öffnenden Fenster klicken Sie auf die Registerkarte **Ansicht** (Pfeil 1). Dann entfernen Sie durch einen Mausklick das Häkchen bei dem Eintrag **Erweiterungen bei bekannten Dateitypen ausblenden** (Pfeil 2). Klicken Sie jetzt auf **OK**.

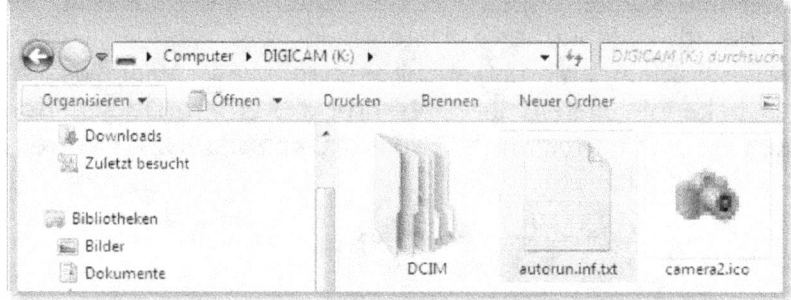

Jetzt sehen Sie den tatsächlichen Dateinamen der autorun-Datei. Auch die Endung .ICO erscheint jetzt hinter dem Piktogramm. Sie müssen jetzt nur noch die Datei autorun.inf.txt in autorun.inf umbenennen. Dazu gehen Sie mit dem Mauszeiger auf das Piktogramm, drücken einmal kurz die rechte Maustaste und wählen den Befehl **Umbenennen**. Klicken Sie haarscharf hinter den letzten Buchstaben in dem Namensfeld und löschen Sie die Zeichen **.txt** mit der Backspace-Taste Ihrer Tastatur. Drücken Sie einmal die **Enter**-Taste um den geänderten Namen zu speichern.

Damit verändert sich auch das Piktogramm dieser Datei. Das Zahnrad darin zeigt Ihnen an, dass es sich um eine System-Datei handelt.

Jetzt sollten Sie das Häkchen in den **Ordner- und Suchoptionen** wieder setzen, damit die Funktion **Erweiterungen bei bekannten Dateitypen ausblenden** wieder aktiviert wird.

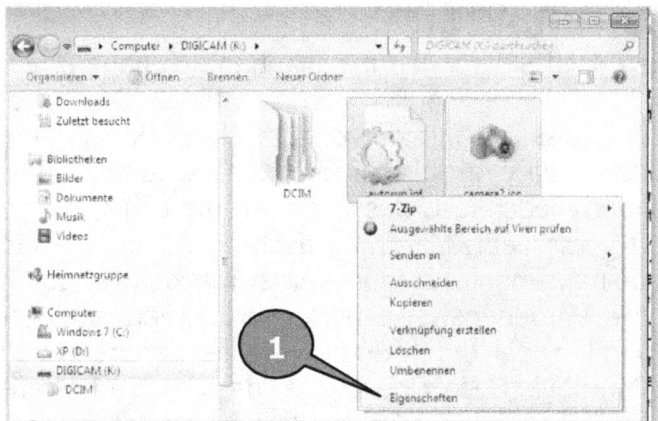

Damit Sie die Dateien autorun.inf und Ihr Piktogramm nicht versehentlich löschen, sollten Sie sie verstecken. Dazu markieren Sie zunächst die Datei autorun.inf per Mausklick. Halten Sie nun die **Strg**-Taste auf Ihrer Tastatur gedrückt und klicken Sie die Piktogramm-Datei einmal an.

Beide Dateien sind jetzt farblich markiert. Bleiben Sie mit dem Mauszeiger genau auf einem der beiden markierten Objekte, drücken Sie einmal kurz auf die rechte Maustaste und wählen Sie aus dem Kontextmenü den Befehl **Eigenschaften** (Pfeil 1) aus.

Setzen Sie durch einen Mausklick das Häkchen bei dem Eintrag **Versteckt** (Pfeil 2). Klicken Sie auf **OK**. Et Voila, wenn Sie den Datenträger das nächste Mal anklicken, sind sie weg. Ziehen Sie jetzt mal die Speicherkarte aus dem Cardreader und stecken Sie sie gleich wieder ein.

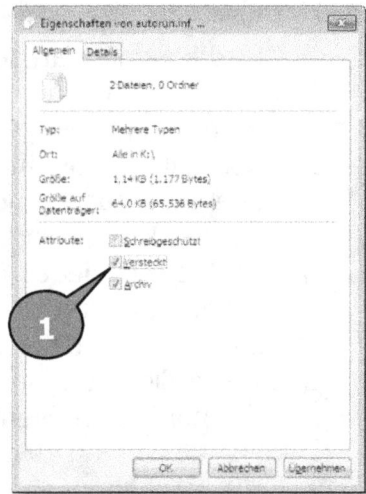

Jetzt hat die Speicherkarte ihr eigenes Piktogramm und über die **Eigenschaften** ist auch noch der Name geändert. Damit Sie sich die

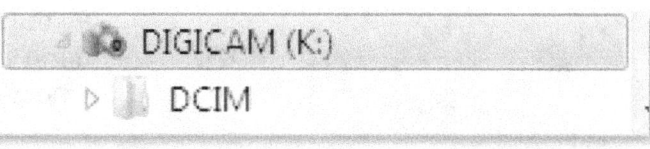

ganze Mühe nicht umsonst gemacht haben, sollten Sie die Speicherkarte zukünftig nicht mehr in der Kamera formatieren, sondern die Fotos von Hand löschen. Wie das geht, entnehmen Sie bitte dem Kapitel **Fotos löschen**.

Empfohlene Vorgehensweise

Mit den Fotos kann viel passieren. Und Sie können mir glauben, ich habe schon viel erlebt und gesehen, was ich so nie für möglich gehalten hätte. Das meistens logische Verhalten eines PCs, gepaart mit der oft intuitiven Unlogik von uns Anwendern, scheint nicht immer zu einer glücklichen Konstellation zu führen ☺. Dabei stelle ich auch immer wieder fest, dass sich mir die Logik, dieses Rechenknechtes Namens PC, oft verschließt. Man mag mich da ruhig paranoid nennen, aber jeden Fehler sollte man möglichst nur einmal machen. Dadurch hat sich eine etwas aufwändigere Vorgehensweise herauskristallisiert, weil jedes Foto, das ich durch meine Fehler oder durch Softwarefehler verloren habe immer sehr ärgerlich war. Und Murphy's Gesetz besagt ja, dass es die besten- oder die wichtigsten Fotos am Härtesten trifft. Da moderne Festplatten eine enorme Kapazität haben, kann man sich das getrost leisten, die Fotos eine Zeitlang mehrfach auf der Festplatte zu haben. Daher folgende Empfehlungen:

1. Legen Sie sich einen Ordner für den Foto-Eingang an. Kopieren Sie immer alle Fotos, die sich auf Ihrer Speicherkarte befinden, auf einen Schlag in diesen Ordner. Machen Sie das nicht häppchenweise. Der Tag wird kommen, an dem Sie mal was vergessen zu kopieren.
2. Verteilen Sie Fotos von Ihrem Eingangsordner in die entsprechenden Jahres- und Event-Ordner.
3. Kontrollieren Sie in der Miniaturansicht, ob alle Fotos einwandfrei sind, oder ob eines irgendwie beschädigt wurde. Das kommt zwar selten vor, aber es kommt vor!
4. Da Sie jetzt jedes neue Foto quasi zweimal auf der Festplatte haben, können Sie nun die Fotos von der Speicherkarte löschen und die Karte so wieder für das nächste Event vorbereiten.
5. Wenn Sie Fotos nachbearbeiten wollen oder müssen, dann machen Sie das nur in den Event-Ordnern.

6. Speichern Sie geänderte Fotos mit einem Index ab. Dann wissen Sie immer, welche Version die Aktuellste ist.
7. Sollte beim Nachbearbeiten irgendetwas schiefgehen und Sie überschreiben sich versehentlich ein Foto in einer Art, wie Sie es nie wollten, dann löschen Sie es einfach aus dem Event-Ordner und holen Sie sich das entsprechende Foto aus dem Eingangs-Ordner nochmal in den Eventordner.
8. Erst wenn alle Fotos fertig bearbeitet sind, sollten Sie den Inhalt des Eingangs-Ordner löschen. Die Fotos darin werden jetzt nicht mehr benötigt.

Sie müssen nicht genauso vorgehen, wie ich das hier beschreibe. Ich will Ihnen nur Wege aufzeigen, wie Sie ärgerliche Verluste vermeiden. Vermeiden Sie einfach Fehler, die ich alle schon mal gemacht habe.

Warum Fotos auf die Festplatte holen

Alleine schon aus Kostengründen sollten Sie die Fotos von Ihrem Kameraspeicherchip regelmäßig auf Ihre Festplatte kopieren. Speicherkarten werden zwar auch immer preiswerter, jedoch liegt der Preis pro Gigabyte deutlich höher als der Preis bei Festplatten. Außerdem ist die Kapazität der Speicherkarten begrenzt.

Warum alle Fotos auf einmal kopieren?

Das ist leicht gesagt. So können Sie niemals vergessen ein Foto von der Speicherkarte auf Ihre Festplatte zu kopieren. Schlimmstenfalls haben Sie dann ein Foto zweimal auf der Festplatte. Sowas passiert nicht sagen Sie? Einer meiner Kursteilnehmer hat sich eine volle 1GByte Speicherkarte formatiert, weil er dachte, er hätte schon alle Fotos kopiert. Kurz danach stellte er fest, dass er tatsächlich nur wenige Fotos auf der Festplatte hatte. Der große Rest, ca. 150 Fotos und ein paar kleine Videos, von einem wirklich wichtigen Ereignis, bei dem er als Einziger fotografiert hatte, waren nicht da. Mit Hilfe einer sogenannten UNDELETE-Software konnte ich, bis auf sechs Fotos alle wieder herstellen. Solche Programme zur Rettung gelöschter Dateien finden Sie kostenlos im Internet. Ich würde Ihnen da aber trotzdem raten, wenn dieser Daten-Gau eintritt, diese Arbeit einem Profi zu überlassen. Bei einer Fehlbedienung eines solchen Programms können Sie Ihren Daten nämlich auch den Rest geben. Ich weiß ja nicht, ob Sie das wirklich beruhigt – dieser Kunde war kein Einzelfall ☺.

Chaos beseitigen

Wenn man wenig Ahnung hat, und das ist wirklich nichts schlimmes, dann ist man vielleicht froh, wenn man die Fotos von der Digitalkamera irgendwie auf die Festplatte bekommen hat. Mit der Zeit ist das dann ein ziemliches Durcheinander. Ordner mit irgendwelchen komischen Namen ohne jeden Bezug zum Inhalt, Fotos von verschiedenen Events, alle Fotos in einem Ordner und auch ganz beliebt sind zahllose Ordner Namens „Neuer Ordner", „Neuer Ordner (2)" usw. Das müssen wir uns nicht schön reden. Das ist einfach so. Niemand weiß das besser als ich, denn ich habe mal genauso chaotisch angefangen. Ich gehe mal davon aus, dass es auf Ihrer Festplatte so ähnlich aussieht, sonst hätten Sie möglicherweise dieses Buch nicht gekauft. Wie, Sie haben das geschenkt bekommen? Ausreden gelten nicht ☺. Ich gebe Ihnen ein paar Tipps, wie Sie nachträglich Ordnung ins Chaos bringen können. Das ist nicht schwer und Sie haben jede Menge Zeit und müssen nicht hektisch werden. Zugegebenermaßen macht das einmal viel Arbeit. Dafür ist es hinterher aber umso besser. Sie brauchen nur einen Plan.

1. Sehen Sie in jeden Ordner, ob dort Fotos drin sind. Wenn der Ordner leer ist, löschen Sie ihn.
2. Sehen Sie alle Ordner, in denen sich Fotos befinden, durch und schreiben Sie sich eine Liste, mit den Events und wenigstens dem dazugehörigen Jahr, bei denen die Fotos aufgenommen wurden.
3. Legen Sie sich im Ordner **Bibliotheken/Bilder/Eigene Bilder** Jahres-Ordner an. Also z.B. 2007, 2008, 2009 usw.
4. Legen Sie in den entsprechenden Jahresordnern Unterordner an, die so heißen, wie die Events, die Sie in Ihrer Liste aufgeschrieben haben.
5. Markieren Sie die Fotos in einem Ordner, die zu einem Event gehören, schneiden Sie diese aus und fügen Sie die Fotos in ihrem neuen Event-Ordner ein. Dadurch werden immer weniger Fotos in den alten Chaosordnern überbleiben. Das erhöht die Übersicht doch deutlich.
6. Wenn Sie einen alten Ordner leergeschaufelt haben, löschen Sie ihn gleich. Auch das trägt zur Verbesserung der Übersicht bei.
7. Wenn Sie alles verteilt und aufgeräumt haben, können Sie den Eventordnern im Ordnernamen auch ein Datum zuweisen (Umbenennen). Das Datum bekommen Sie am einfachsten, wenn Sie die Ansichtsform **Details** wählen. Da können Sie nämlich das Aufnahmedatum der Fotos sehen. Ein passender Ordnername für das folgende Beispielbild wäre also **Rhein_in_Flammen_020509**.

```
Name
Rhein_in_Flammen_2009 (1).JPG
Rhein_in_Flammen_2009 (2).jpg
Rhein_in_Flammen_2009 (3).JPG
Rhein_in_Flammen_2009 (4).JPG
Rhein_in_Flammen_2009 (5).JPG
Rhein_in_Flammen_2009 (6).JPG
Rhein_in_Flammen_2009 (7).JPG
```

Fotos Kopieren

Das Kopieren von Fotos oder anderen Dateien funktioniert, technisch gesehen, wie das Verschieben von Dateien oder Ordnern. Nur das Ergebnis ist ein anderes. Während beim Verschieben eine oder mehrere Dateien von Speicherort A nach Speicherort B verschoben werden, werden beim Kopieren physikalische Kopien erzeugt. D.h. nach dem Kopiervorgang ist die Datei oder sind die Dateien mehrmals vorhanden. Sie können auch auf dem gleichen Datenträger mehrmals vorhanden sein. Eine Datei kann aber nicht mehrmals mit dem gleichen Namen im gleichen Verzeichnis sein. Sie werden wahrscheinlich häufiger kopieren, als Sie das jetzt vielleicht annehmen. Kopieren müssen Sie schon, wenn Sie Bilder vom Kamera-Speicherchip auf die Festplatte holen möchten. Oder wenn Sie bestimmte Bilder in einem Fotoladen ausdrucken lassen möchten. Dann möchten Sie diese Fotos evtl. auf einen USB-Stick kopieren. Es gibt verschiedene Techniken, wenn man ein, mehrere oder alle Fotos aus einem Ordner irgendwo anders hin kopieren möchte. Damit sollen Sie nicht verwirrt werden ☺. Alle Methoden können sehr sinnvoll eingesetzt werden. Je nach Anwendungsfall können Sie die Arbeit sehr vereinfachen und beschleunigen.

Ein Foto kopieren
Ziehen mit der Maus

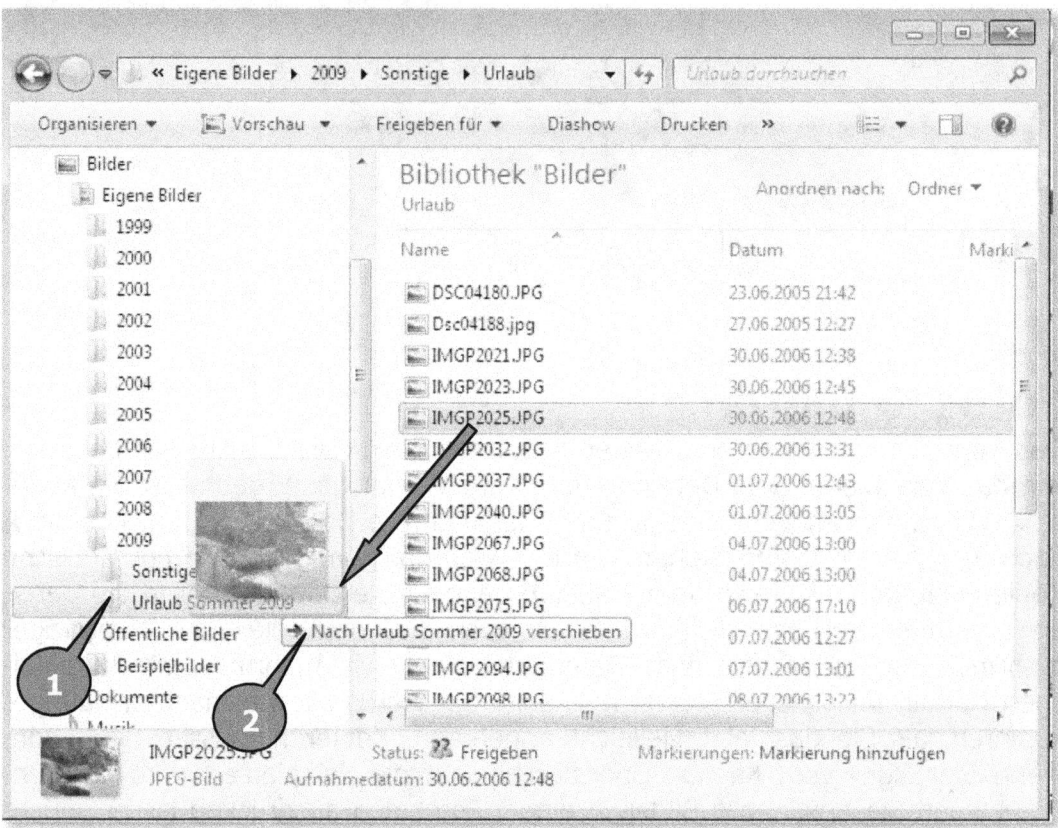

Zum Kopieren und Verschieben benutzen Sie die gleichen Techniken wie bei den Ordnern. Sie müssen die Datei(en), die Sie kopieren oder verschieben wollen, markieren und dann mit gedrückter linker Maustaste in den Ordner ziehen, wohin Sie die Datei(en) kopiert oder verschoben haben wollen (langer Pfeil). Ob der Mauszeiger auf dem richtigen Ordner ist, können Sie an zwei Dingen erkennen. Zum Einen färbt sich der Ordner hellblau, auf den der Mauszeiger aktuell zeigt (Pfeil 1). Zum Anderen zeigt Ihnen ein kleiner Hilfstext den Namen dieses Ordners an (Pfeil 2). Erst wenn Sie sicher auf dem richtigen Ordner sind, lassen Sie die linke Maustaste los. Achten Sie darauf, dass Sie beim Loslassen der linken Maustaste die Maus NICHT bewegen. Sonst kann es passieren, dass die Datei im letzten Moment doch am falschen Ort landet ☺.

Dabei wird zwischen Ordnern, die sich auf dem gleichen Datenträger befinden, grundsätzlich verschoben. Wenn sich der Zielordner auf einem anderen Datenträger befindet, wird beim Ziehen die Datei kopiert. Das erkennen Sie an einem kleinen Plus-Zeichen in dem Hilfstext (Pfeil 1).

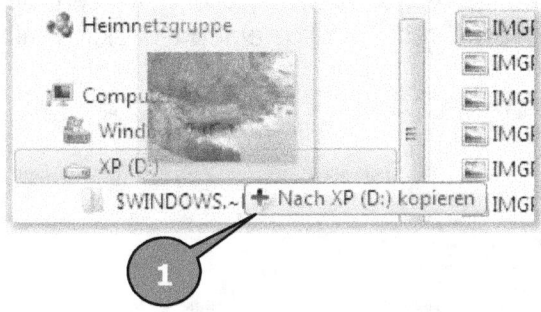

Diese Methode, des Ziehens einer Datei an einen anderen Speicherort, ist auf den ersten Blick komfortabel. Diese Methode birgt aber gewisse Risiken. Man darf nämlich keinen nervösen Zeigefinger haben. Wenn Sie die linke Maustaste an der falschen Stelle loslassen, landen die kopierten Dateien irgendwo, wo Sie sie vermutlich nicht hinhaben wollten. Sollte Ihnen der Fehler sofort auffallen, klicken Sie einfach auf den Menübefehl **Organisieren/Rückgängig** (Pfeile 2&3) oder drücken Sie einmal die Tastenkombination **Strg+z**. Damit wird der zuletzt ausgeführte Befehl rückgängig gemacht.

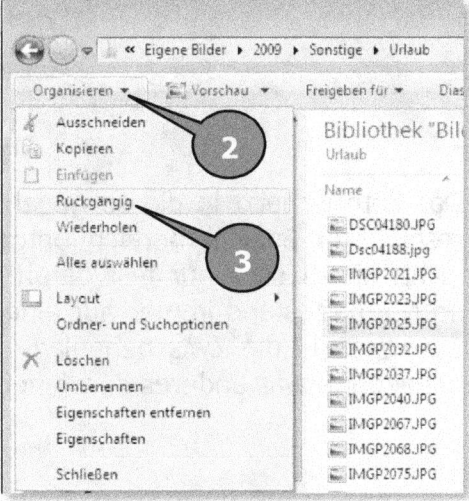

Kopieren über die rechte Maustaste

Meiner Meinung nach ist das die sicherste Methode etwas zu kopieren. Sie müssen kein Fingerakrobat sein und haben alle Zeit der Welt, um den Vorgang abzuschließen. Bewegen Sie den Mauszeiger auf das Foto, das Sie kopieren möchten (Pfeil 1). Drücken Sie einmal kurz auf die rechte Maustaste und wählen Sie aus dem Kontextmenü den Befehl **Kopieren** (Pfeil 2) durch einen Linksklick mit der Maus aus.

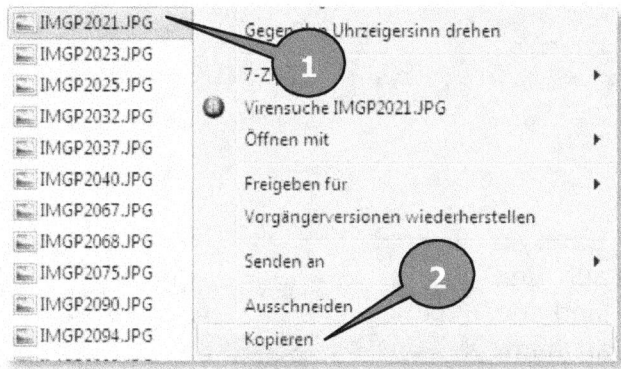

Das Foto ist jetzt in die so genannte Zwischenablage (ein dafür vorgesehener reservierter Speicherbereich unter Windows) kopiert worden. Das sehen Sie nicht. Sie müssen nur fest daran glauben ☺. Diese Zwischenablage kann sich im Normalzustand immer nur eine Sache merken. Das aber recht lange. Wenn Sie etwas in die Zwischenablage kopieren, bleibt das so lange darin, bis Sie entweder etwas anderes dort hinein kopieren oder den Rechner ausschalten.

Wählen Sie jetzt den gewünschten Speicherort für die Kopie dieses Fotos durch einfachen Mausklick in der linken Spalte des Windows-Explorers an (Pfeil 1).

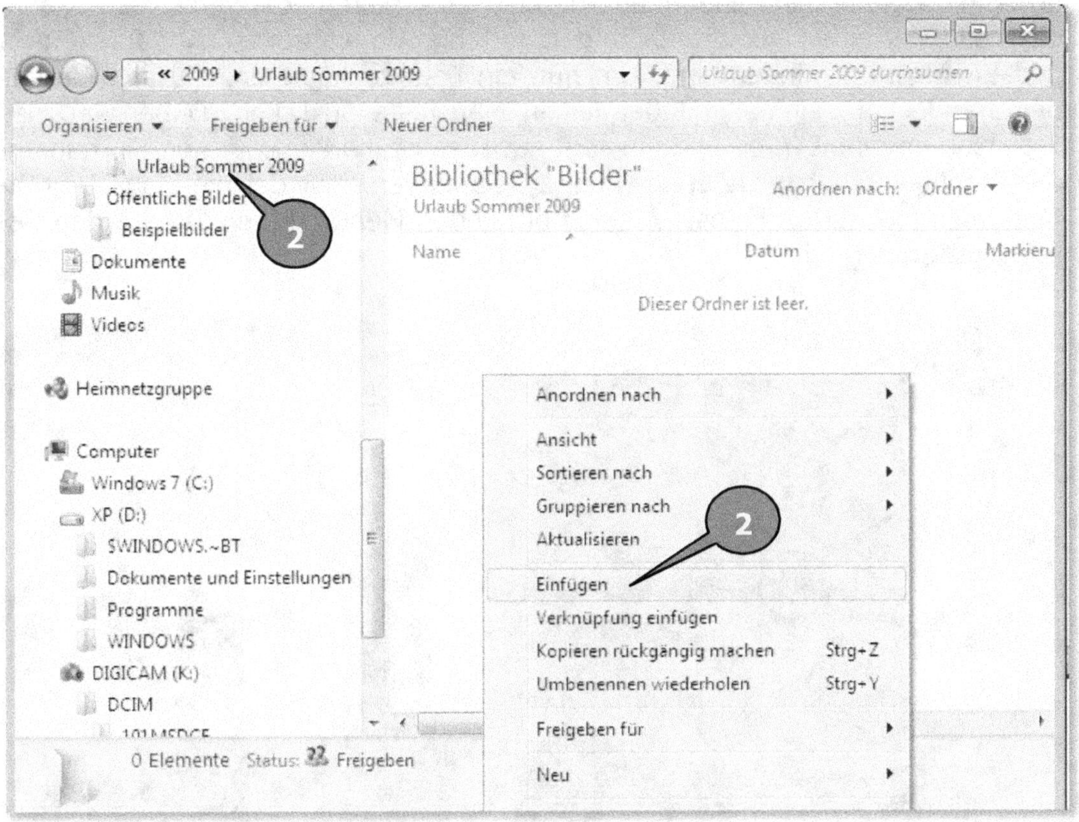

Bewegen Sie nun den Mauszeiger in den rechten Fensterbereich. Und zwar dorthin wo nichts anderes ist. Sollten dort schon andere Fotos sein, bewegen Sie den Mauszeiger irgendwo zwischen die Piktogramme. Drücken Sie einmal kurz auf die rechte Maustaste und wählen Sie den Befehl **Einfügen** (Pfeil 2). Und zack ... schon ist es da.

Mit dem Menü kopieren

Das Kopieren eines Fotos kann man sich noch einfacher machen. In allen Windows-Programmen, in denen man irgendetwas kopieren oder verschieben kann, gibt es immer einen Menübefehl in dem Befehle wie **Kopieren**, **Ausschneiden** und **Einfügen** zu finden sind. Um nun ein Foto zu kopieren, müssen Sie das betreffende Foto einmal mit der linken Maustaste anklicken. Dabei wird das Foto blau umrahmt (Pfeil 1). Man sagt auch: es ist markiert. Klicken Sie nun auf den Menübefehl **Organisieren** (Pfeil 2). Dabei verschwindet die blaue Umrahmung des markierten Fotos. Im sich öffnenden Menü, klicken Sie auf den Befehl **Kopieren** (Pfeil 3).

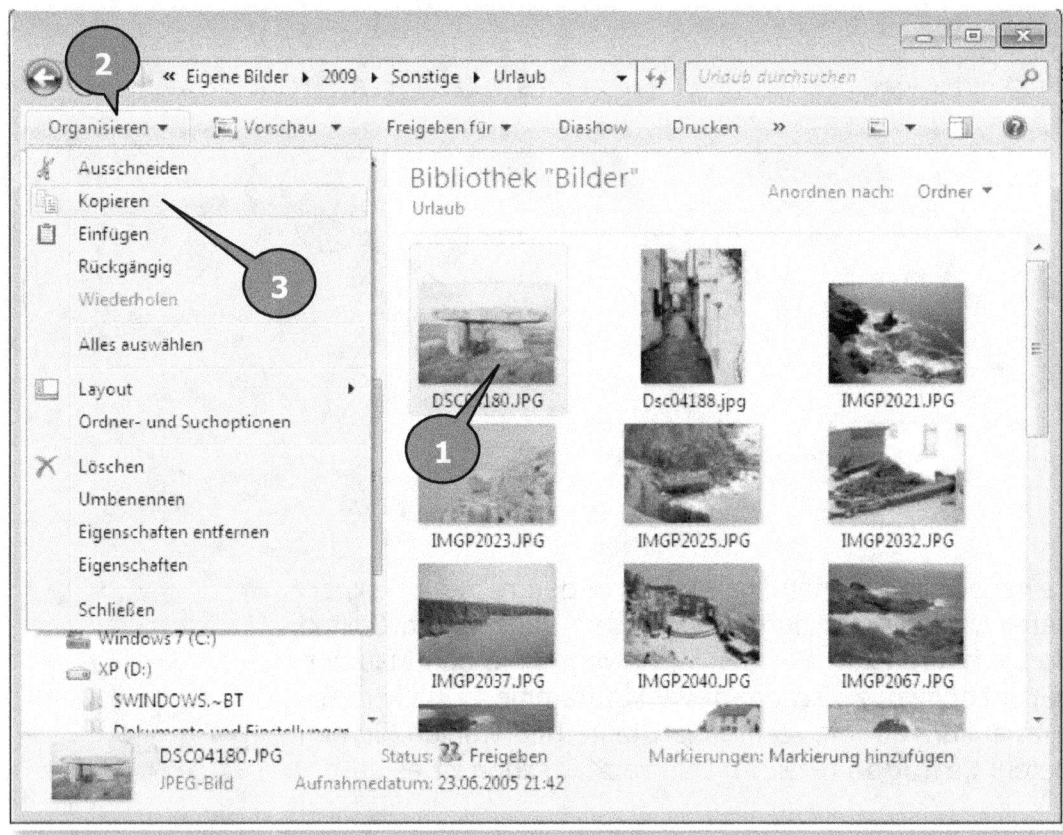

Das Foto wird jetzt, genau wie vorhin schon beschrieben, in die Zwischenablage kopiert. Suchen Sie nun den gewünschten Zielordner auf, den Sie in der linken Ordner-Spalte des Windows-Explorers durch einen Linksklick markieren. Wählen Sie den Menübefehl **Organisieren/Einfügen** (Pfeile 1&2)per Linksklick an. Und schon ist das gewünschte Foto da, wo Sie es haben wollen.

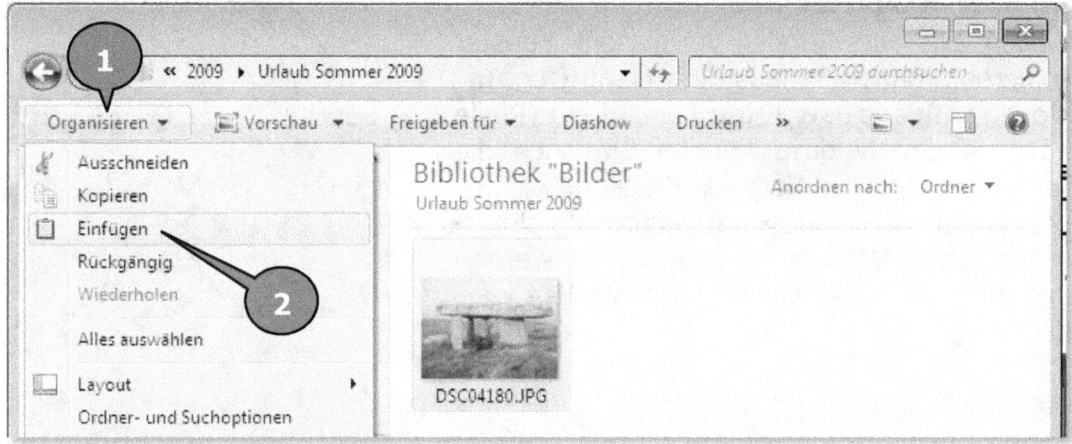

Kopieren über die Tastatur

Schnell und effektiv können Sie ein Foto kopieren, in dem Sie zunächst das gewünschte Foto durch einen Mausklick markieren. Drücken Sie jetzt einmal die Tastenkombination **Strg+c**. Klicken Sie den gewünschten Zielordner an, bewegen Sie den Mauszeiger auf der rechten Seite des Windows-Explorers in den freien Bereich und drücken Sie einmal die Tastenkombination **Strg+v**.

Mehrere Fotos gleichzeitig kopieren

Um mehrere Bilder gleichzeitig kopieren zu können, stellt der Windows-Explorer mehrere Möglichkeiten zur Verfügung. Jede Möglichkeit hat auch einen Sinn, wie Sie gleich merken werden.

Alles kopieren

Wollen Sie alle Dateien in diesem Fenster kopieren, können Sie aus dem Menü **Organisieren/Alles auswählen** anklicken (Pfeile 1&2). Alternativ dazu können Sie auch die Tastenkombination **Strg+a** drücken. Als Ergebnis sehen Sie, dass im rechten Explorer-Fenster alle Dateien blau umrahmt werden und auch die Dateinamen blau hinterlegt werden.

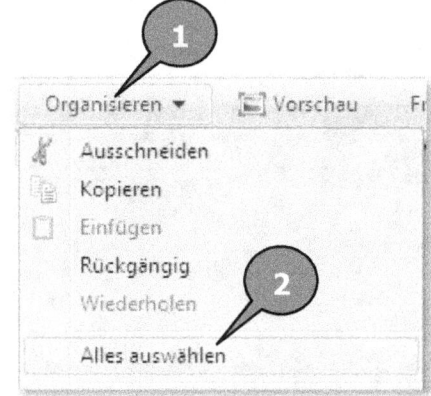

Kopieren und irgendwo anders wieder einfügen geht jetzt genauso, wie vorher im Kapitel **Ein Foto kopieren** beschrieben.

Mit der Maus und Shift-Taste markieren

Aus den vorhergehenden Beschreibungen wissen Sie ja bereits, dass man durch einfaches Anklicken eine Datei markieren kann. Wenn Sie nun mehrere Dateien gleichzeitig markieren wollen, die z.B. in der Einstellung **Ansicht/Liste** alle hintereinander liegen, dann klicken Sie zunächst einmal mit der linken Maustaste auf die erste Datei, die Sie markieren möchten und dann bei gedrückter **Shift-Taste**, auch als Großschreib-Taste bezeichnet, auf die letzte Datei, die Sie markieren möchten. Danach sind alle Dateien zwischen den beiden Mausklicks blau markiert. Kopieren oder Ausschneiden geht jetzt wie schon vorher beschrieben.

Diese Methode kann ganz nützlich sein, wenn Sie die Fotos in einem Ordner in der Ansichtsform Details nach Datum sortiert haben. Dann können Sie nämlich z.B. die Fotos eines Urlaubstages ganz gezielt markieren und kopieren.

Mit der Maus und Strg-Taste markieren

Nun kann es aber passieren, dass die Dateien, die Sie kopieren möchten, nicht alle hintereinander liegen, sondern verstreut sind. Wenn man dann mehrere Dateien markieren möchte, kommt die **Strg-Taste** (Steuerungs-Taste) ins Spiel. Diese Taste wird auch gerne als Ctrl- oder Control-Taste bezeichnet. Hierzu klickt man wieder mit der linken Maus-Taste auf die erste Datei, die man markieren möchte, hält dann die **Strg-Taste** gedrückt und klickt nacheinander auf jede Datei, die man markieren möchte. Hat man mal auf die falsche Datei geklickt, muss man nicht von vorne anfangen. Ein weiterer Klick auf die „falsche" Datei hebt deren Markierung wieder auf.

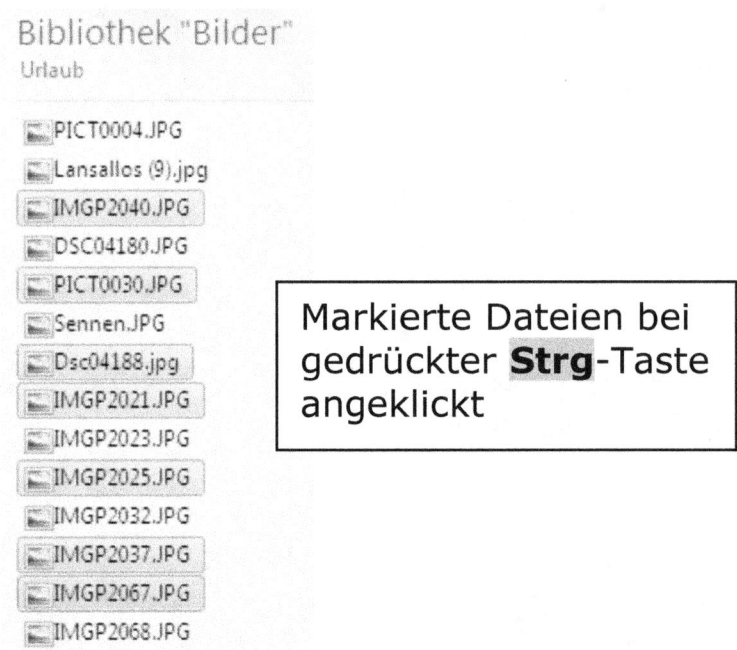

Markierte Dateien bei gedrückter **Strg**-Taste angeklickt

Dabei sollten Sie es nicht zu eilig haben. Sie sollten ganz konzentriert ein Foto anklicken, die Maustaste wieder loslassen, den Mauszeiger auf das nächste Foto bewegen, dann anklicken, usw. Wenn Sie nämlich beim Bewegen der Maus die Maustaste los lassen, erzeugt Windows sofort Kopien von allen bereits markierten Fotos. Das ist nicht schlimm. Nur ärgerlich ☺. Wenn Ihnen das mal passieren sollte, drücken Sie hinterher einfach einmal die Tastenkombination **Strg+z** und das Unglück wird wieder beseitigt.

Mit der Maus umrahmen

Sie können mit gedrückter, linker Maustaste auch einen Rahmen um gewünschte Fotos ziehen. Dabei erscheint ein blaues Rechteck, das Ihnen anzeigt, welche Fotos schon umrahmt und damit markiert sind. Diese Methode ist etwas knifflig. Sie müssen dabei nämlich peinlich darauf achten, den Mauszeiger vor dem Klicken im leeren Bereich zu haben, sonst markieren Sie nämlich das Foto, dem der Mauszeiger zu nahe gekommen ist.

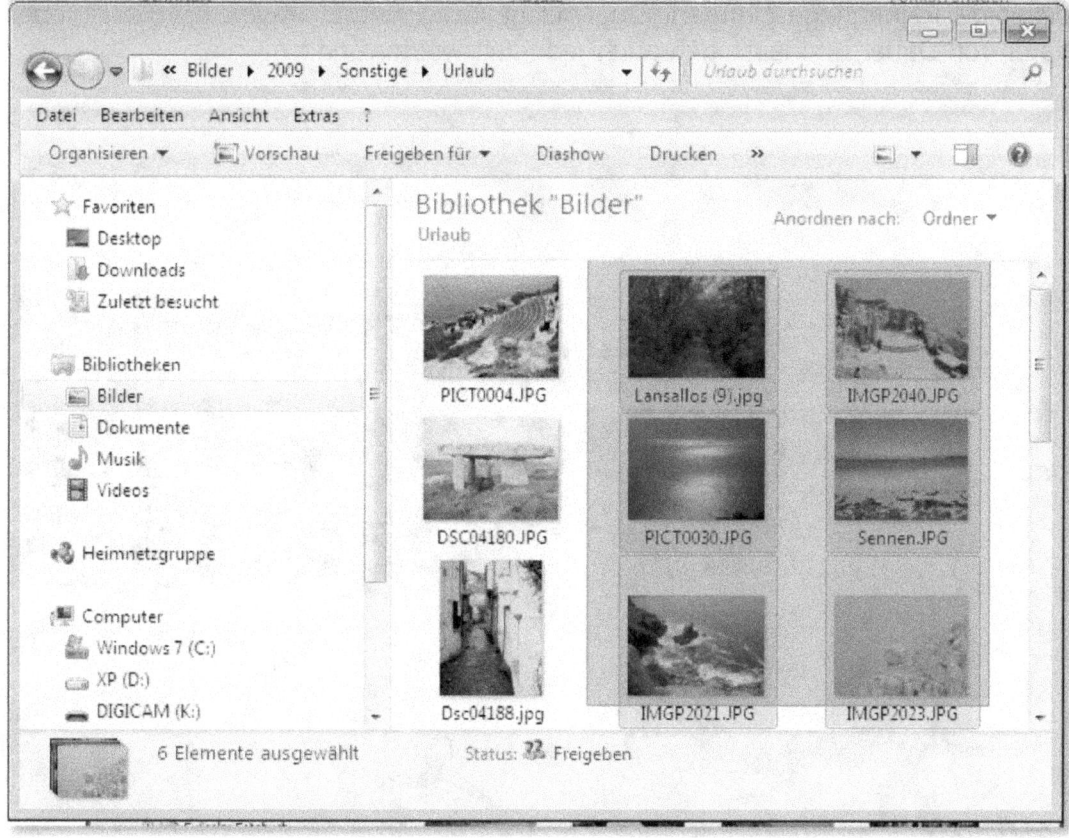

Reihenfolge der Fotos im Ordner ändern

In älteren Windows-Versionen war das Ändern der Reihenfolge einfach möglich. Sie mussten lediglich die gewünschte Datei, mit gedrückter linker Maustaste an den Platz Ihrer Wahl ziehen. Diese persönliche Reihenfolge war meist nur von kurzer Dauer. Wenn Sie zwischenzeitlich mal die Sortierung geändert haben, war Ihre schöne Reihenfolge leider verloren. Unter Windows 7 gibt es die Möglichkeit, Fotos durch ziehen an einen anderen Platz zu bekommen, so nicht mehr. Über einen kleinen Umweg kann man die Fotos aber doch noch in eine beliebige Reihenfolge bringen. Das macht zwar einmal etwas Arbeit, ist aber dafür von Dauer und lässt sich auch jederzeit wieder ändern.

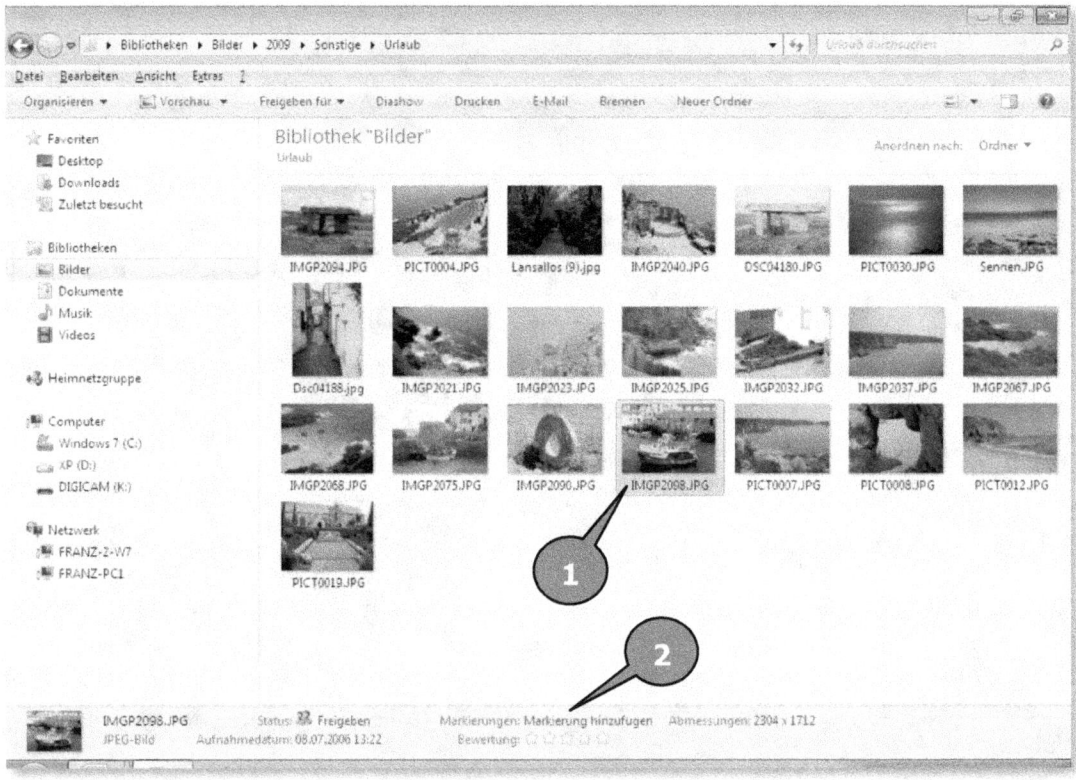

Im oberen Bild ist ein Foto markiert (Pfeil 1). Einige der Eigenschaften dieses Fotos sind in der unteren Leiste zu erkennen. Dort gibt es unter anderem ein Feld Namens **Markierungen:** In diesem Feld steht zunächst **Markierung hinzufügen** (Pfeil 2). Den Text können Sie verändern.

Klicken Sie dazu einfach in dieses Feld hinein und schreiben Sie die Zahl **1** dort hinein (Pfeil 1). Anschließend klicken Sie rechts auf die Schaltfläche **Speichern** (Pfeil 2).

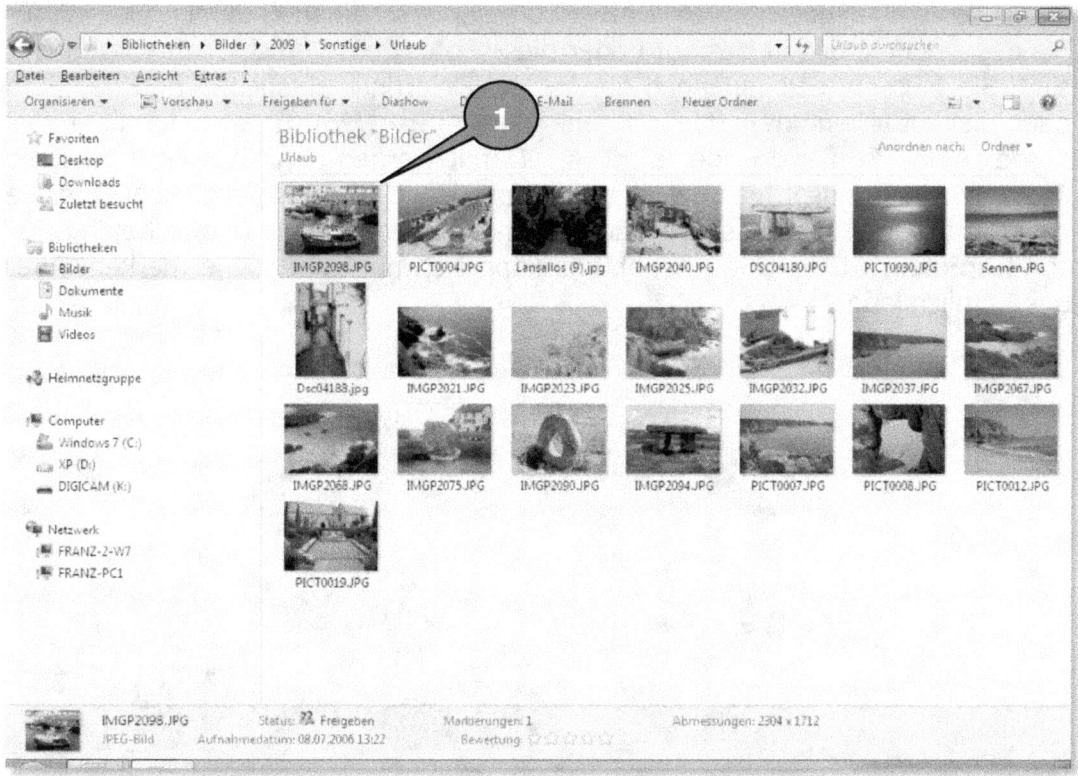

Das soeben mit der Zahl **1** markierte Foto wandert an die erste Stelle im aktuellen Ordner (Pfeil 3).

Nach diesem Vorgang kann es sein, dass das Foto zunächst zweimal zu sehen ist. Drücken Sie dann einfach auf der Tastatur einmal auf die Taste **F5**. Damit wird das Fenster aktualisiert und das überzählige Foto verschwindet. Jetzt müssen Sie nur noch den anderen Fotos eine entsprechende Nummer in das Feld **Markierungen:** schreiben, damit alle Fotos in der von Ihnen gewünschten

Digitalkamera und dann? - Windows 7

Reihenfolge erscheinen. Selbst wenn Sie jetzt die Sortierung z.B. nach Datum einstellen, können Sie anschließend wieder nach Markierungen sortieren lassen und erhalten wieder die gewünschte Reihenfolge. Dazu lesen Sie sich bitte das Kapitel **Ansichten und Sortierung** durch.

Fotos verschieben

Fotos zu verschieben geht im Grunde technisch genauso wie Fotos zu kopieren. Ob Sie ein, mehrere (mit Shift oder Strg) oder alle Fotos markieren, ist immer der gleiche Vorgang. Nur klicken Sie jetzt im Menü **Organisieren** oder im **Kontextmenü** nicht auf den Befehl **Kopieren**, sondern auf **Ausschneiden**. Oder Sie verwenden das Tastaturkürzel **Strg-x**. In allen Fällen werden das markierte Foto oder die markierten Fotos etwas blasser erscheinen (Pfeil 1). Das ist für Sie das Zeichen, das dieses Foto oder diese Fotos zum Verschieben vorgemerkt sind. Sie müssen jetzt nur noch den neuen Zielordner aufsuchen und das Foto oder die Fotos einfügen (Menübefehl **Oranisieren/Einfügen** oder über das Kontextmenü **Einfügen** oder **Strg+v**). Damit werden dann das Foto oder die Fotos im Ursprungsordner gelöscht und im Zielordner eingefügt. Beachten Sie dabei bitte, dass auch das über die Zwischenablage passiert (Siehe Kapitel **Fotos kopieren**). Diese Zwischenablage kann sich nur eine Sache merken. Aber das ziemlich lange!

Ein Foto umbenennen

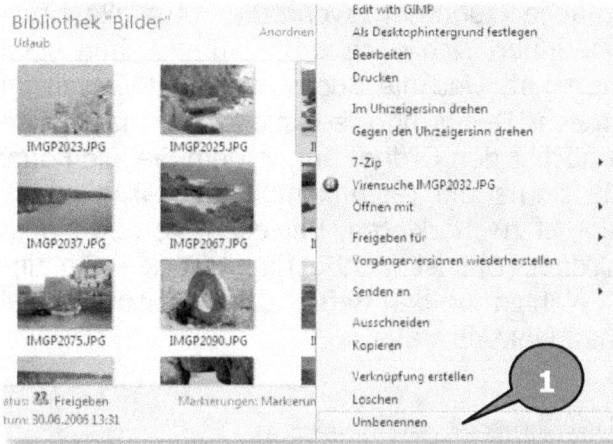

Digitalkameras speichern die Fotos mit Namen, die ziemlich nichtssagend sind. In der Regel bestehen die Namen aus drei bis vier Buchstaben, gefolgt von einer vierstelligen Zahl. Wenn Sie nun einem Foto einen markanten Namen zuteilen wollen, geht das recht einfach. Damit man besser sieht, was man da tut, sollte man eine Ansichtsform mit einer Miniaturansicht auswählen. Z.B. Große Symbole. Bewegen Sie nun den Mauszeiger auf das umzubenennende Foto. Machen Sie einen kurzen Klick mit der rechten Maustaste und wählen Sie aus dem Kontextmenü den Befehl **Umbenennen** (Pfeil 1) per Linksklick aus. Sofort erscheint das ausgesuchte Bild mit einem dünnen schwarzen Rahmen um das Namensfeld. Der Name des Fotos ist blau hinterlegt. Das bedeutet, dass der Name, der dort steht, vollständig gelöscht wird, wenn Sie die erste Taste, auf Ihrer Tastatur, drücken. Ersetzen Sie den Namen durch einen, der Ihnen passend erscheint.

Gespeichert wird der neue Name, indem Sie entweder einmal auf die **Enter**-Taste drücken oder irgendwo im leeren Bereich des Ordners einmal kurz auf die linke Maustaste klicken.

Alle Fotos umbenennen

Sie können Fotos natürlich viel einfacher zuordnen, wenn die Fotos alle einen einprägsamen Namen haben. Wer erinnert sich nach zehn Jahren schon noch an jeden Ort, an dem er fotografiert hat. Und die Buchstaben und Zahlen im Namen sind nun wirklich nicht hilfreich. Der Windows-Explorer hält dafür eine tolle Funktion bereit. Suchen Sie zunächst den Ordner auf, in dem Sie alle Fotos umbenennen möchten. Drücken Sie einmal die Tastenkombination **Strg+a** um alle Bilder in diesem Ordner auf einmal zu markieren. Bewegen Sie den Mauszeiger nun auf das erste Foto im Ordner (Das ist wichtig!) und drücken Sie einmal kurz auf die rechte Maustaste. Wählen Sie den Befehl **Umbenennen** (Pfeil 1) aus dem Kontextmenü durch einen Linksklick aus.

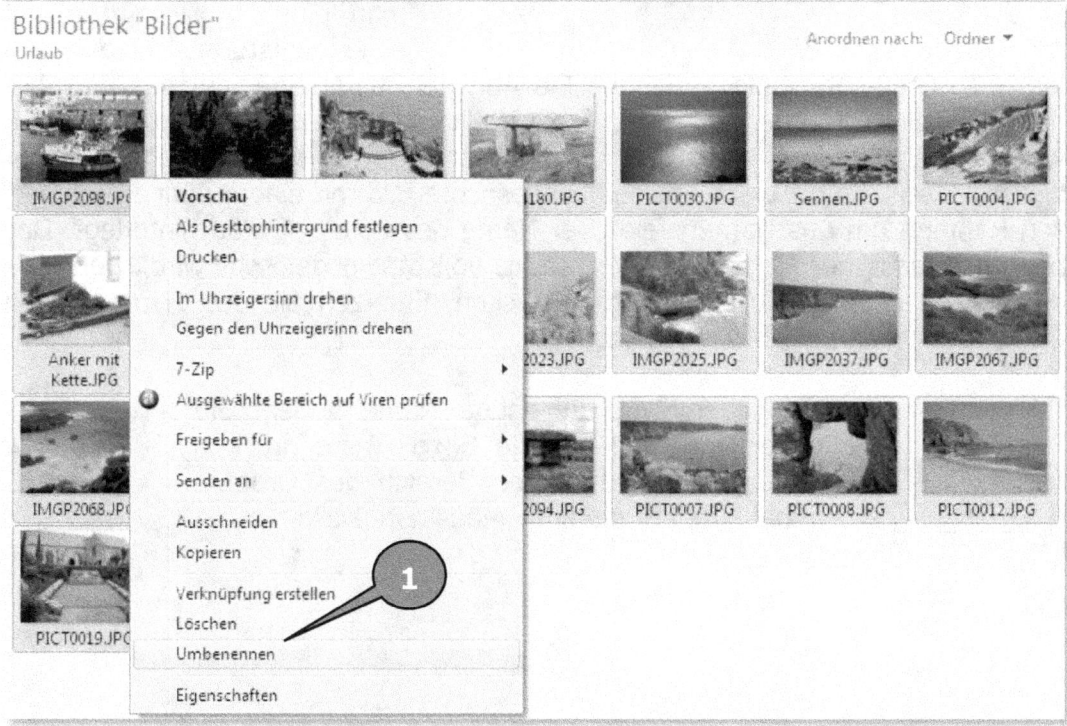

Daraufhin erscheint um das Namensfeld des ersten Fotos eine dünne, schwarze Linie. Der Teil des Namens, den Sie ändern können, ist blau hinterlegt und kann jetzt geändert werden. Die Dateiendung **.JPG** sollten Sie keinesfalls ändern, da sonst möglicherweise Ihre Fotos unbrauchbar werden. Schreiben Sie den gewünschten Namen. Den geänderten Namen speichern Sie durch drücken der **Enter**-Taste oder einen Linksklick mit der Maus im leeren Bereich des Fensters. Daraufhin werden alle markierten Fotos auf einen Schlag umbenannt. Alle Fotos bekommen jetzt auf einmal den neuen Namen und haben zusätzlich, in Klammern, eine laufende Nummer.

Ansichten

Der Windows-Explorer bietet verschiedene Ansichtsformen für Ordner und Dateien. Da wären **Inhalt, Kacheln, Details, Liste, Kleine Symbole, Mittelgroße Symbole, Große Symbole und Extra große Symbole.** Alle haben ihre Daseinsberechtigung. Sie werden vielleicht nicht alle davon einsetzen. Da diese Ansichtsformen aber nicht nur für Fotos, sondern für jede Art von Datei und Ordnern gelten, sollte man sie zumindest alle mal gesehen haben. Es gibt drei Möglichkeiten die Ansichtsform zu ändern. Ich muss gestehen, dass ich obwohl ich ein Rationalisierungsfan bin, immer nur eine dieser Möglichkeiten nutze. Das liegt daran, dass diese eine Möglichkeit an vielen Stellen in Windows genauso auftaucht.

Ansicht ändern mit der rechten Maustaste

Das kann schon mal etwas kniffliger sein. Egal in welcher Ansicht Sie sich befinden, Sie müssen den Mauszeiger irgendwo zwischen die Dateien bewegen oder wenn vorhanden in den leeren Bereich unter den Fotos, und dann einmal kurz auf die rechte Maustaste klicken. Darauf öffnet sich ein Kontextmenü, in dem sich der Befehl **Ansicht** (Pfeil 1) befindet. Wenn Sie mit dem Mauszeiger auf diesen Befehl gehen, klappt seitlich ein weiteres Menü auf, aus dem Sie die gewünschte Ansichtsform (Pfeil 2) mit einem Linksklick auswählen.

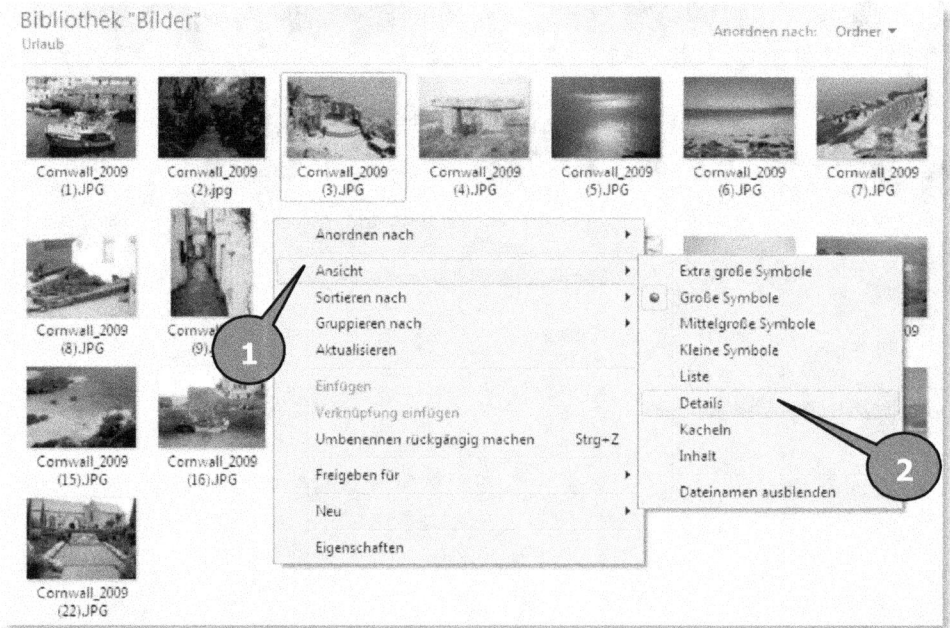

Ansicht ändern über die Menüleiste

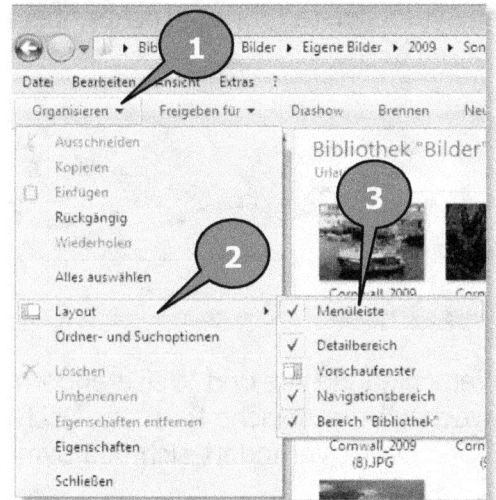

Dazu muss die Menüleiste zunächst einmal eingeblendet sein. Im „Normalzustand" ist sie das nämlich nicht. Um die Menüleiste einzublenden, klicken Sie auf den Befehl Organisieren (Pfeil 1), dann auf Layout (Pfeil 2) und noch auf Menüleiste (Pfeil 3).

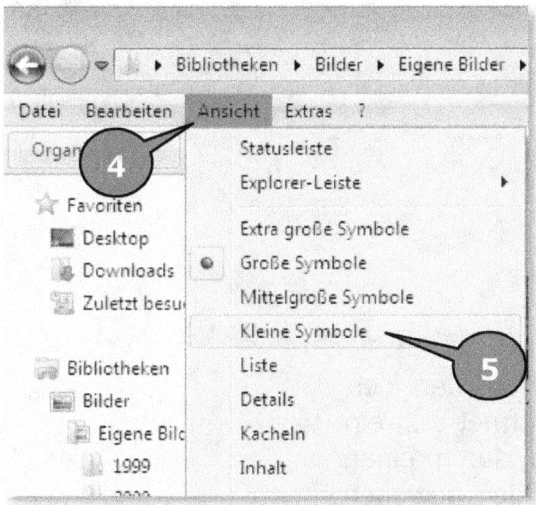

Viele PC-Anwender sind über Jahre auf die Bedienung von Programmen über die Menüleiste getrimmt worden. Dort gibt es im Windows-Explorer, wie auch in vielen anderen Programmen den Befehl **Ansicht** (Pfeil 4). Klicken Sie einmal auf diesen, klappt ein Menü auf, aus dem Sie dann die gewünschte Ansichtsform (Pfeil 5) auswählen können.

Ansicht ändern über die Symbolleiste

Das ist mein Favorit. In der Symbolleiste gibt es, rechts oben, ein Symbol (Pfeil 1).

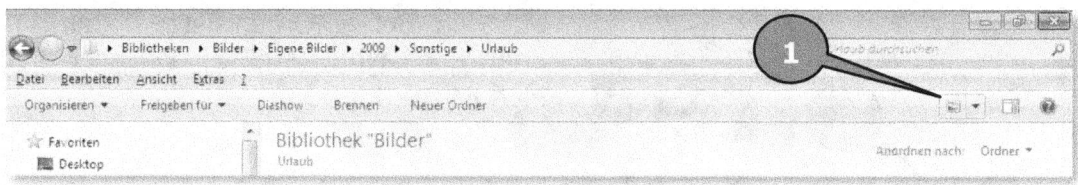

Damit kann man die Ansichtsform auf zwei verschiedene Art und Weise ändern. Klicken Sie direkt auf das Symbol (Pfeil 2), wechselt die Ansichtsform zur Nächsten in der Liste. Also z.B. von Liste auf Details. Dabei verändert sich das Symbol. Es stellt Ihnen die aktuelle Einstellung stilistisch dar.

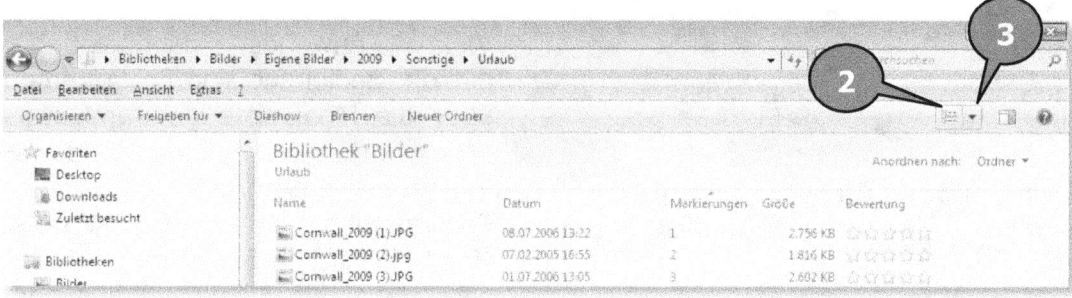

Klicken Sie statt direkt auf das Symbol auf den kleinen schwarzen Pfeil daneben (Pfeil 3), öffnet sich ein Menü, aus dem Sie die Ansichtsform durch einen Linksklick direkt auswählen können. Oder bewegen Sie den Schieberegler mit gedrückter linker Maustaste auf die gewünschte Ansichtsform (Pfeil 4).

Digitalkamera und dann? - Für Windows 7

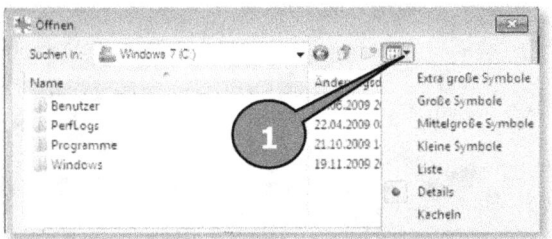

Dieses Symbol taucht auch bei vielen Programmen auf, wenn Sie dort eine Datei öffnen oder speichern wollen. Gerade bei Fotos ist das dann eine praktische Sache. Achten Sie bei der Arbeit am PC mal darauf. Manchmal ist das Symbol allerdings etwas kleiner. Hier kommt ein Beispiel aus dem Programm **IrfanView** (Pfeil 1).

Die Ansichtsformen

Inhalt

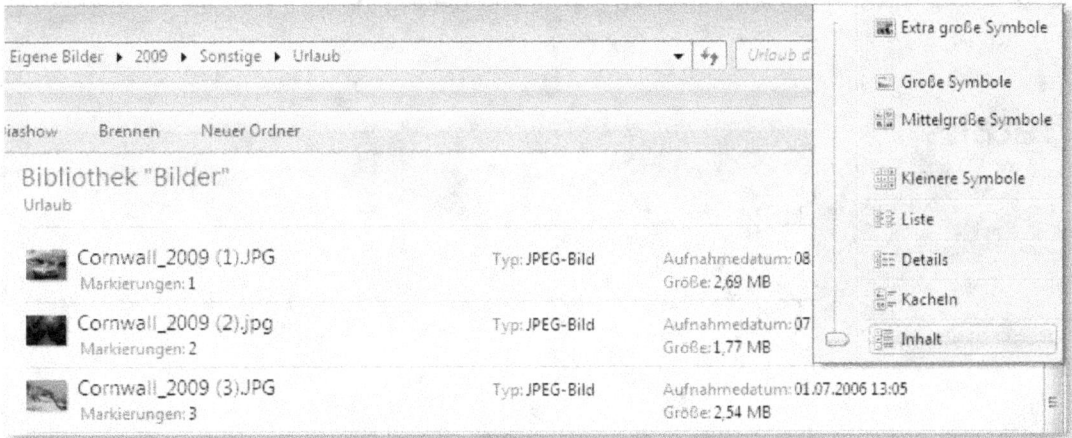

Die **Inhalt**-Ansicht zeigt Ihnen eine Liste der im Ordner vorhandenen Dateien an. Sie sehen eine kleine Miniaturansicht des Fotos, den Namen und Dateityp, sowie Informationen über das Aufnahmedatum und die Dateigröße.

Kacheln

Die Ansichtsform **Kacheln** zeigt Ihnen eine andere Anordnung der Fotos. Die zusätzlichen direkt sichtbaren Informationen zu jeden Foto beschränken sich jetzt auf den Namen, den Dateityp sowie die Dateigröße.

Details

Die Ansichtsform Details ist sehr interessant, weil man sie anpassen kann. Über der Liste der Dateien befindet sich eine Kopfzeile mit Begriffen wie **Name, Datum, Markierung, Größe** usw. Diese Felder sind Sortierfelder. Wenn Sie z.B. auf das Wort **Datum** (Pfeil 1) einmal klicken, werden alle Dateien in diesem Ordner nach Datum aufsteigend sortiert.

Bibliothek "Bilder"					
Urlaub					
Name	Datum	Markierungen	Größe	Bewertung	
Cornwall_2009 (1).JPG	08.07.2006 13:22	1	2.756 KB	☆☆☆☆☆
Cornwall_2009 (18).JPG	07.07.2006 13:01		1.194 KB	☆☆☆☆☆
Cornwall_2009 (17).JPG	07.07.2006 12:27		2.753 KB	☆☆☆☆☆
Cornwall_2009 (16).JPG	06.07.2006 17:10		2.625 KB	☆☆☆☆☆
Cornwall_2009 (15).JPG	04.07.2006 13:00		2.806 KB	☆☆☆☆☆

Das können Sie an dem kleinen Pfeil über dem Wort **Datum** erkennen (Pfeil 1). Klicken Sie erneut auf das Wort **Datum**, werden die Dateien in diesem Ordner nach Datum absteigend sortiert.

Bibliothek "Bilder"					
Urlaub					
Name	Datum	Markierungen	Größe	Bewertung	
Cornwall_2009 (2).jpg	07.02.2005 16:55	2	1.816 KB	☆☆☆☆☆
Cornwall_2009 (6).JPG	15.02.2005 16:02	6	1.686 KB	☆☆☆☆☆
Cornwall_2009 (7).JPG	16.02.2005 14:36	7	1.888 KB	☆☆☆☆☆
Cornwall_2009 (19).JPG	16.02.2005 14:37		1.985 KB	☆☆☆☆☆

Der Pfeil zeigt jetzt in die andere Richtung (Pfeil 2). Das können Sie mit jedem Feld aus der Kopfzeile machen. Wollen Sie die Fotos nach Namen sortieren, klicken Sie einfach auf das Wort Name usw. usw.

Die Ansichtsform Details kann aber noch mehr. Nehmen wir einmal an, Sie möchten vor dem Feld **Größe** die Abmessungen in Pixel für jedes Bild sehen. Die Abmessungen werden aber gerade nicht angezeigt. Um die Information über die Abmessungen einzublenden, bewegen Sie den Mauszeiger irgendwo in die Kopfzeile. Dabei ist es egal, ob der Mauszeiger auf dem Wort **Name**, **Datum** oder einem anderen Wort verweilt. Drücken Sie jetzt einmal kurz die rechte Maustaste und wählen Sie aus dem Kontextmenü den Befehl **Abmessungen**.

Digitalkamera und dann? - Windows 7

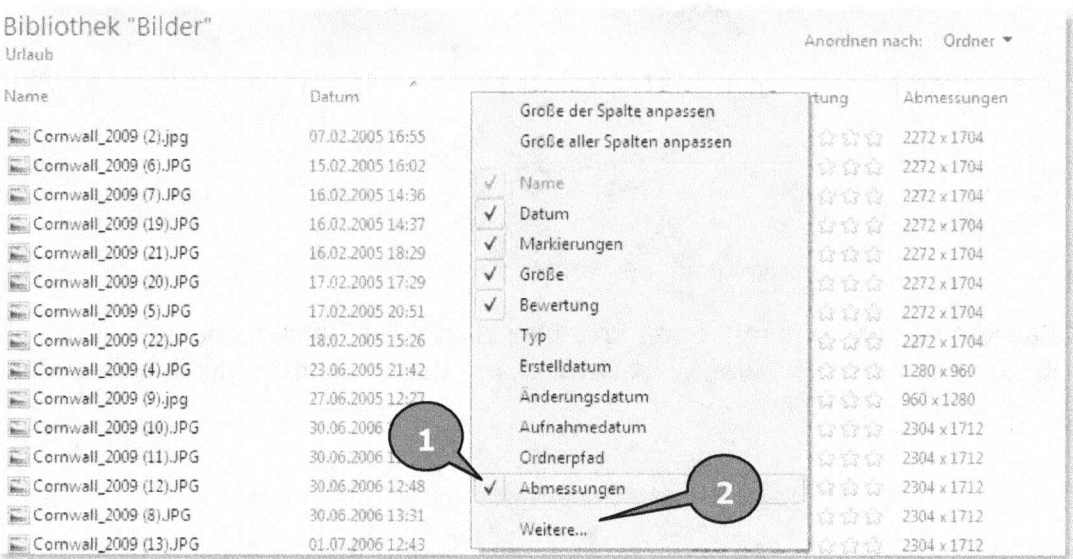

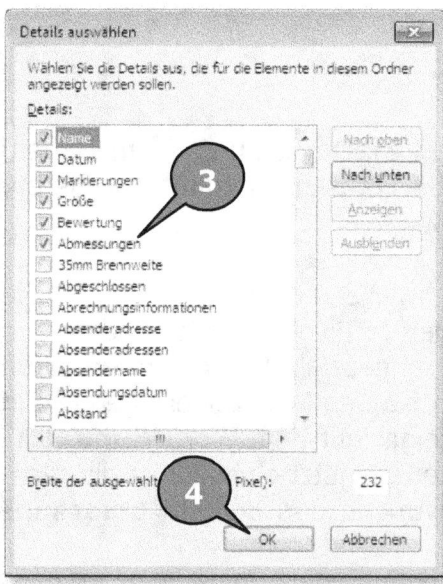

Ist der Befehl **Abmessungen** (Pfeil 1) nicht im Kontextmenü, müssen Sie jetzt noch auf **Weitere...** (Pfeil 2) klicken. Setzen Sie durch einfachen Klick das Häkchen vor **Abmessungen** (Pfeil 3) und klicken Sie anschließend auf die Schaltfläche **OK** (Pfeil 4). Auf diese Art und Weise lassen sich Informationen über jede Datei beliebig ein- und natürlich auch ausschalten. Um eine Information auszublenden, müssen Sie lediglich das Häkchen davor durch einfachen Klick entfernen und dann auf **OK** klicken.

Die Reihenfolge der Kopffelder lässt sich ebenfalls an die eigenen Bedürfnisse anpassen. Wenn das Feld **Abmessungen** vor dem Feld **Größe** sein soll, müssen Sie es einfach dorthin ziehen. Dazu gehen Sie mit dem Mauszeiger auf das Wort **Abmessungen** und ziehen dieses Feld mit gedrückter linker Maustaste vor das Feld **Größe**.

Die Länge der Felder lässt sich ebenfalls anpassen. Manchmal ist vielleicht irgendein Feld zu kurz. Dann können Sie es verlängern, in dem Sie mit dem Mauszeiger exakt auf die Trennlinie zum nächsten rechten Feld gehen (Pfeil 1) und dann die linke Maustaste gedrückt halten. Aufgrund der Farbigkeiten von Windows 7 ist die Trennlinie oft nur schwer zu erkennen. Jetzt lässt sich durch bewegen der Maus die Feldlänge verändern. Ist die gewünschte Größe erreicht, lassen Sie einfach die linke Maustaste los.

Liste

Die Ansichtsform **Liste** ist recht spartanisch. Sie bekommen ein winziges Piktogramm sowie den Dateinamen angezeigt. Dafür bekommen Sie aber eine größere Anzahl Dateien auf einmal auf den Bildschirm. Dabei werden die Symbole und Namen zunächst untereinander angeordnet. Erst wenn eine Spalte voll ist, wird die nächste Spalte mit Symbolen und Namen gefüllt.

Kleinere Symbole

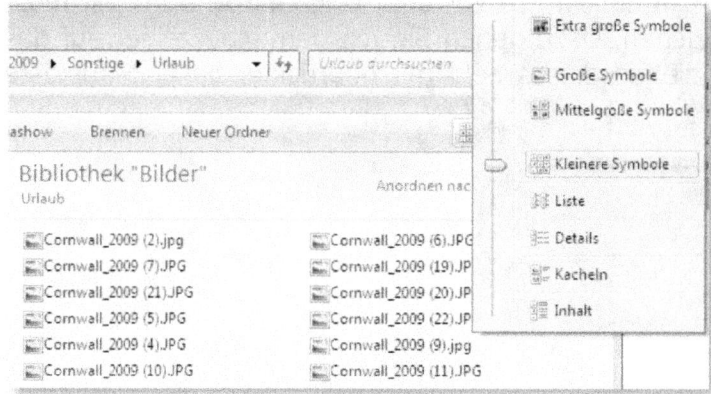

Die Ansichtsform **Kleinere Symbole** ist genauso spartanisch wie die Ansichtsform Liste. Die beiden unterscheiden sich im Grunde nur durch die Anordnung der Symbole und Dateinamen. Bei **Kleinere Symbole** werden erst die Zeilen gefüllt. Ist eine Zeile voll, wird die nächste Zeile gefüllt.

Mittelgroße Symbole

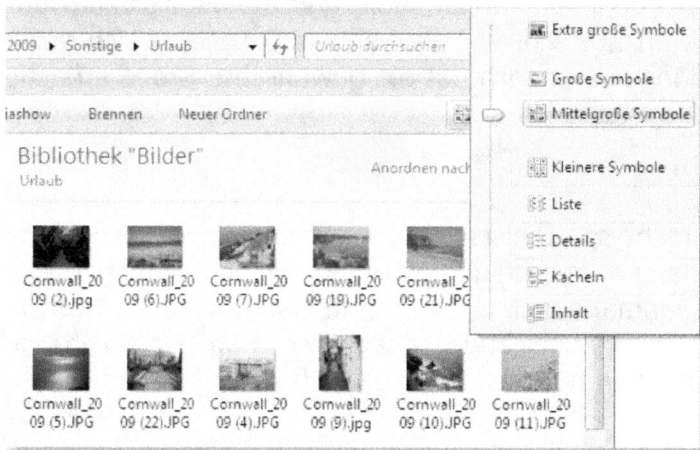

In dieser Ansichtsform bekommen Sie eine kleine Vorschau der Fotos im aktuellen Ordner, sowie den dazugehörigen Dateinamen angezeigt. Diese kleinen Vorschaubilder nennt man Thumbnails, also Daumennagel.

Große Symbole

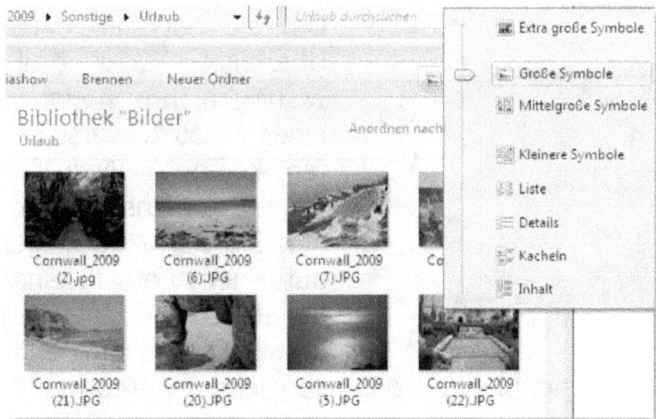

In der Ansichtsform **Große Symbole** werden die Daumennägel langsam größer. Diese Größe entspricht in etwa der, die man aus Windows XP als Miniaturansicht kennt.

Extra große Symbole

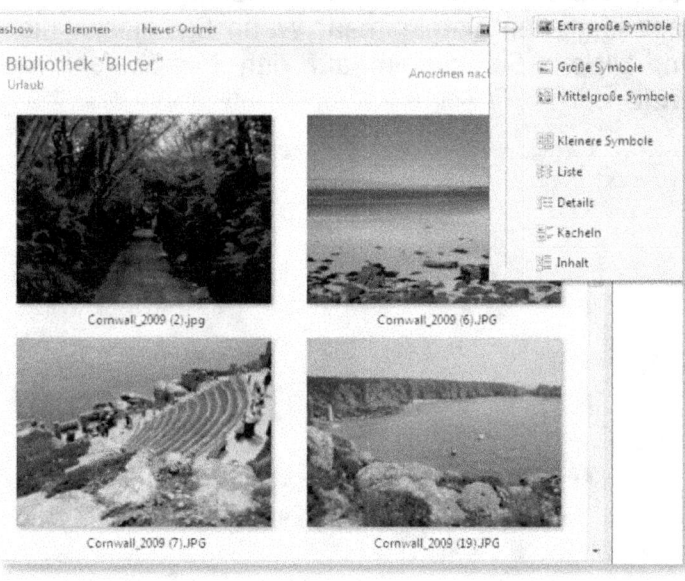

Die Ansichtsform **Extra große Symbole** zeigt Ihnen eine Vorschau der Fotos im aktuellen Ordner an, die man eigentlich schon nicht mehr als Thumbnail (Daumennagel) bezeichnen kann ☺.

Zusätzliche Informationen

Um sich schnell einen Überblick über alle wichtigen Informationen eines Fotos zu verschaffen, ohne die Ansichtsform zu wechseln, können Sie den Mauszeiger auf einem Foto in einer beliebigen Ansichtsform verweilen lassen. Daraufhin wird ein kleines Hilfsfenster eingeblendet, das alle wichtigen Informationen enthält.

Dateinamen ausblenden

Bei der Arbeit mit Fotos, in den Ansichtsformen mit Vorschaubildchen (Thumbnails) benötigt man nicht unbedingt den Dateinamen. Wenn Sie diesen nicht angezeigt bekommen wollen, klicken Sie einfach auf den Menübefehl **Ansicht/Dateinamen ausblenden**.

Sortierungen

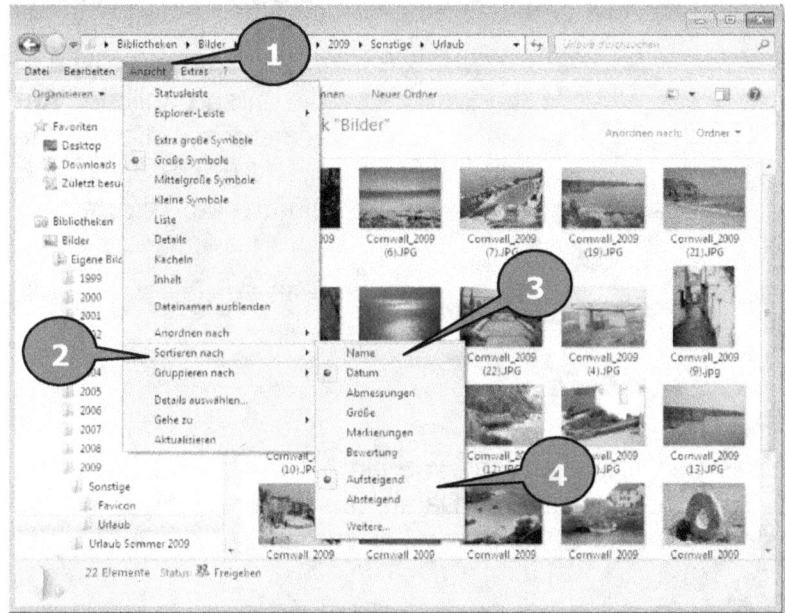

Sie haben ja schon in der Ansichtsform Details gelernt, wie Sie die Sortierung der Dateien in einem Ordner verändern können. Für einen Schnellschuss, und das in jeder beliebigen Ansichtsform, bietet sich eine andere Funktion an. Dazu klicken Sie auf den Menübefehl **Ansicht /Sortieren nach** (Pfeile 1&2) und wählen dann die Sortiermethode aus (Pfeil 3). Sie können in diesem Menü auch auswählen, ob die Dateien auf- oder absteigend sortiert werden sollen (Pfeil 4). Natürlich lässt sich der Befehl **Sortieren nach** auch über einen Klick auf die rechte Maustaste aus dem Kontextmenü aufrufen.

Anordnen nach

Rechts über den Fotos befindet sich ein Auswahlmenü **Anordnen nach**. Wenn Sie dort auf den kleinen Pfeil klicken (Pfeil 1). Können Sie auswählen, wie die Dateien angeordnet werden sollen. In diesem Beispiel wurde die Anordnung nach Monat gewählt. Wenn Sie jetzt nur die Fotos z.B. vom Juni 2006 betrachten wollen, brauchen Sie nur noch den Mauszeiger auf die entsprechende Gruppe zu bewegen, einen Rechtsklick zu machen, den Befehl **In neuem Fenster öffnen** anzuwählen und schon sehen Sie nur diese Fotos in einem eigenen Windows-Explorer-Fenster. Von dort könnten Sie die Fotos auch leichter irgendwo anders

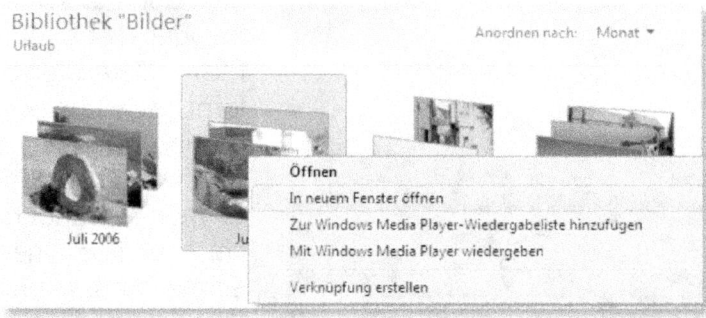

hin kopieren. Wenn Sie wieder zurück wollen in die ursprüngliche Anzeigeform, klicken Sie bei **Anordnen nach** einfach auf **Ordner**.

Kleine Vorschau

In der Ansichtsform Details sieht man ja nicht, wie ein Foto aussieht. Dafür hat man aber eine Menge Zusatzinformationen. Damit man aber wenigstens die Vorschau eines Fotos sieht, gibt es etwas, was ich immer gerne die „kleine" Vorschau nenne.

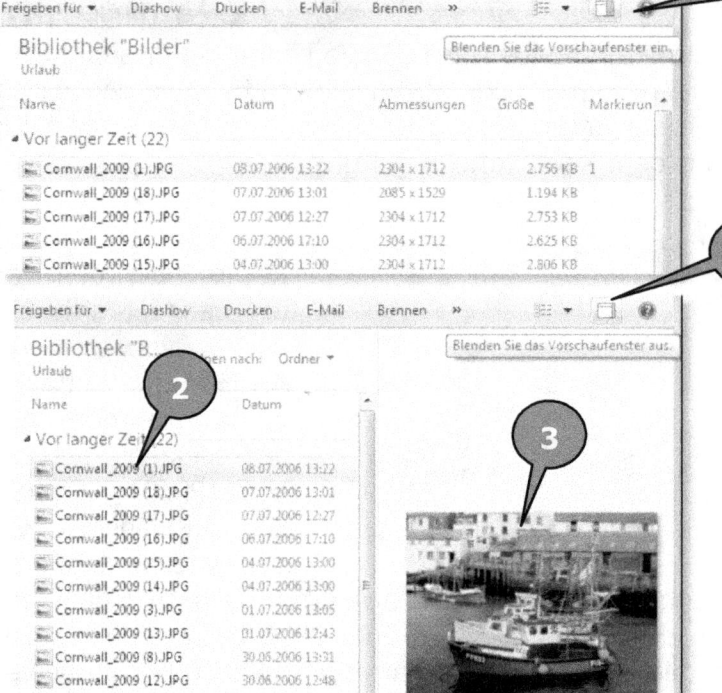

Ein Klick auf das Symbol (Pfeil 1) schaltet die „kleine" Vorschau ein.

Am rechten Fensterrand sehen Sie dann ein Miniaturbild von dem Foto, dass Sie durch einfachen Klick markiert haben (Pfeile 2&3). Ein erneuter Klick auf das Symbol (Pfeil 4) schaltet die „kleine" Vorschau wieder aus.

Fotos löschen

Gefällt Ihnen ein Foto nicht und Sie möchten es direkt löschen, bewegen Sie den Mauszeiger einfach auf das zu löschende Foto, machen Sie einen kurzen Rechtsklick und wählen Sie aus dem Kontextmenü den Befehl **Löschen** (Pfeil 1) per Linksklick aus. Das funktioniert übrigens in jeder Ansichtsform.

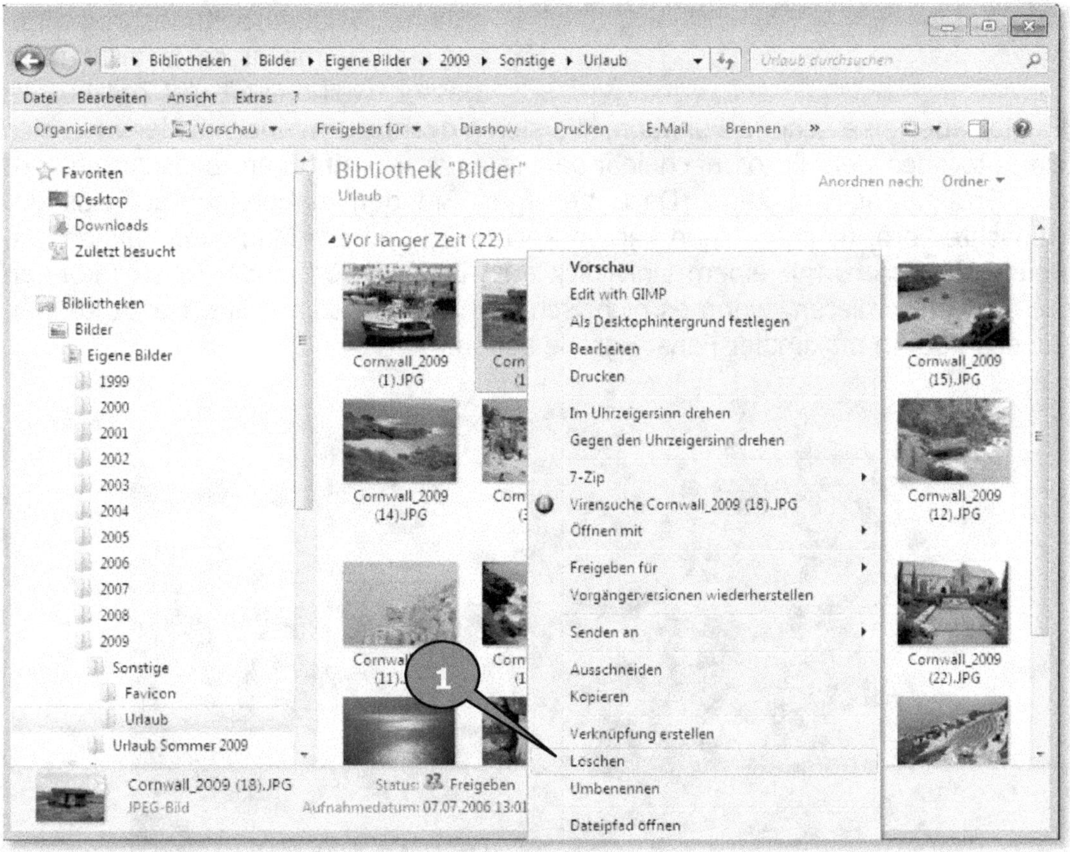

Es erscheint noch eine Sicherheitsabfrage. Klicken Sie dort auf die Schaltfläche **Ja**, dann wird das Foto in den Papierkorb verschoben.

Vorschau

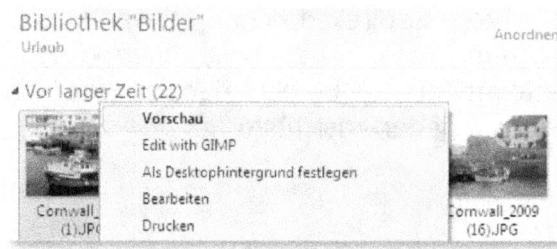

Die bereits vorgestellten Ansichtsformen zeigen ein Foto ja nicht wirklich in der ganzen Pracht. Und jedesmal ein Foto, welches man betrachten möchte, erst mit einem Bildbearbeitungsprogramm zu starten macht es ja auch nicht besser, weil das oft viel Zeit kostet.

Es gibt aber eine schöne Funktion, die sich **Vorschau** nennt, mit der man sich ein Foto oder viele Fotos nacheinander, in einer vernünftigen, bildschirmfüllenden Größe, ansehen kann. Dazu bewegen Sie den Mauszeiger auf das gewünschte Foto, machen einen kurzen Rechtsklick mit der Maus und wählen den Befehl **Vorschau** mit einem Linksklick aus. Das sich öffnende Fenster können Sie auch maximieren, wenn es nicht schon maximiert sein sollte. Damit können Sie das Foto in maximaler Fenstergröße sehen.

 An der Unterseite dieses Fensters gibt es eine ganze Reihe kleiner Schaltflächen. Sie haben folgende Funktionen:

 Wechselt im aktuellen Verzeichnis zum vorhergehenden Foto.

 Wechselt im aktuellen Verzeichnis zum nächsten Foto.

 Startet eine automatische Dia-Show mit den Fotos im aktuellen Verzeichnis. Die Dia-Show kann durch drücken der **ESC**-Taste unterbrochen werden. Alle 5 Sekunden erscheint ein anderes Foto. Mit einem Linksklick können Sie schneller weiterblättern. Ein Rechtsklick und dann auf **Zurück** führt Sie zum vorhergehenden Foto.

 Zeigt einen Schiebebalken an, mit dem Sie stufenlos in das Bild hinein und wieder herauszoomen können.

 Dreht das aktuelle Foto bei jedem Klick um 90° im Uhrzeigersinn.

 Dreht das aktuelle Foto bei jedem Klick um 90° gegen den Uhrzeigersinn.

 Löscht das aktuelle Foto nach einer zusätzlichen Sicherheitsabfrage.

Verknüpfung mit einem anderen Programm
Alle Dateien sind mit irgendeinem Programm verknüpft. Mit welchem Programm diese Verknüpfung besteht, merken Sie, wenn Sie eine Datei im Windows-Explorer doppelklicken. Dann wird diese Datei in dem verknüpften Programm gestartet. Bei Fotos ist das genauso. Nehmen wir nun einmal an, Sie hätten ein neues Bildbearbeitungsprogramm installiert um es zu testen oder vielleicht auch nur, weil Sie eine bestimmte Funktion darin gut finden. Dummerweise will dieses neue Programm jetzt der Chef auf Ihrer Festplatte sein und hat alle Verknüpfungen auf sich selbst umgebogen. D.h. Bei einem Doppelklick auf ein Foto werden die Fotos jetzt nicht mehr in dem von Ihnen favorisierten Programm

gestartet, sondern in diesem „Neuen". Das ist zwar ärgerlich, lässt sich aber einfach wieder hinbiegen. Dazu machen Sie auf einem Ihrer Fotos einen Rechtsklick und wählen den Befehl **Öffnen mit** (Pfeil 1).

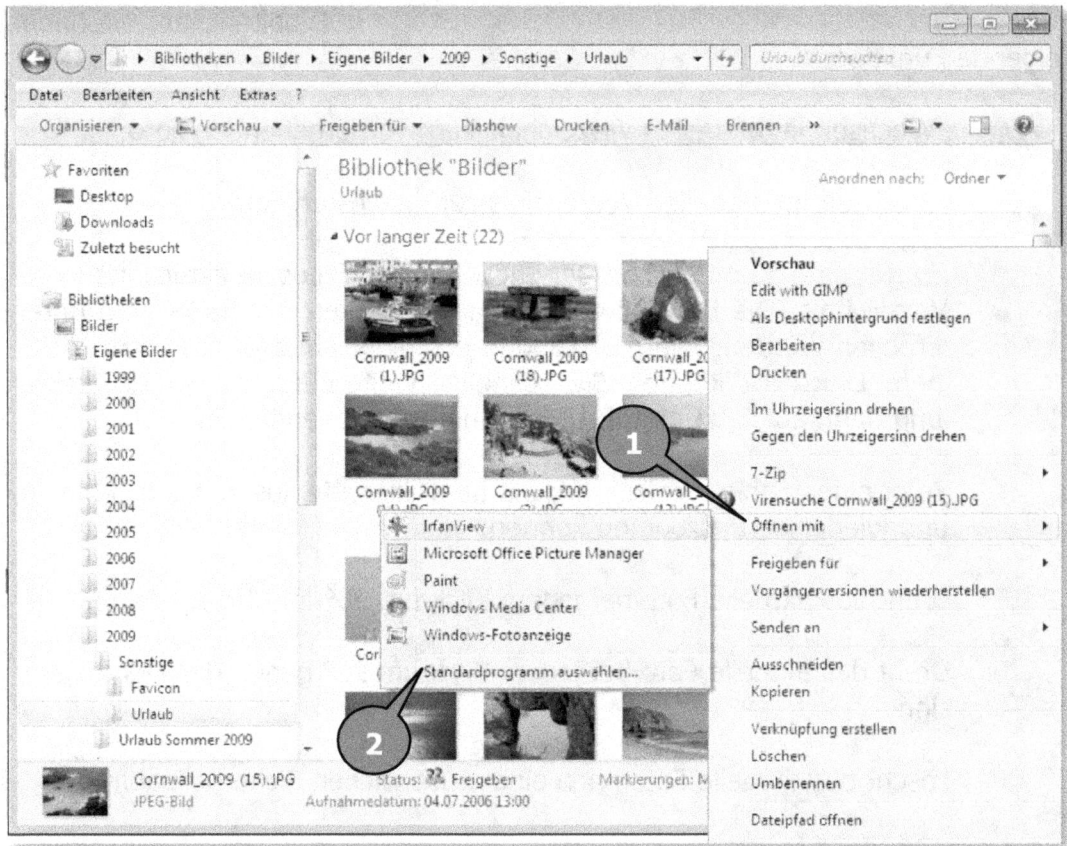

Dabei klappt seitlich ein weiteres Menü auf. Dort könnten Sie jetzt ein mögliches ein Programm durch einen Linksklick auswählen. Die Fotodatei, auf der Ihr Mauszeiger gerade ruhte, wird dann in dem entsprechenden Programm geöffnet. Wenn Sie jedoch möchten, dass zukünftig alle Fotos mit dem von Ihnen gewünschten Programm geöffnet werden, klicken Sie bitte auf **Standardprogramm auswählen...** (Pfeil 2). Folgendes Fenster öffnet sich daraufhin.

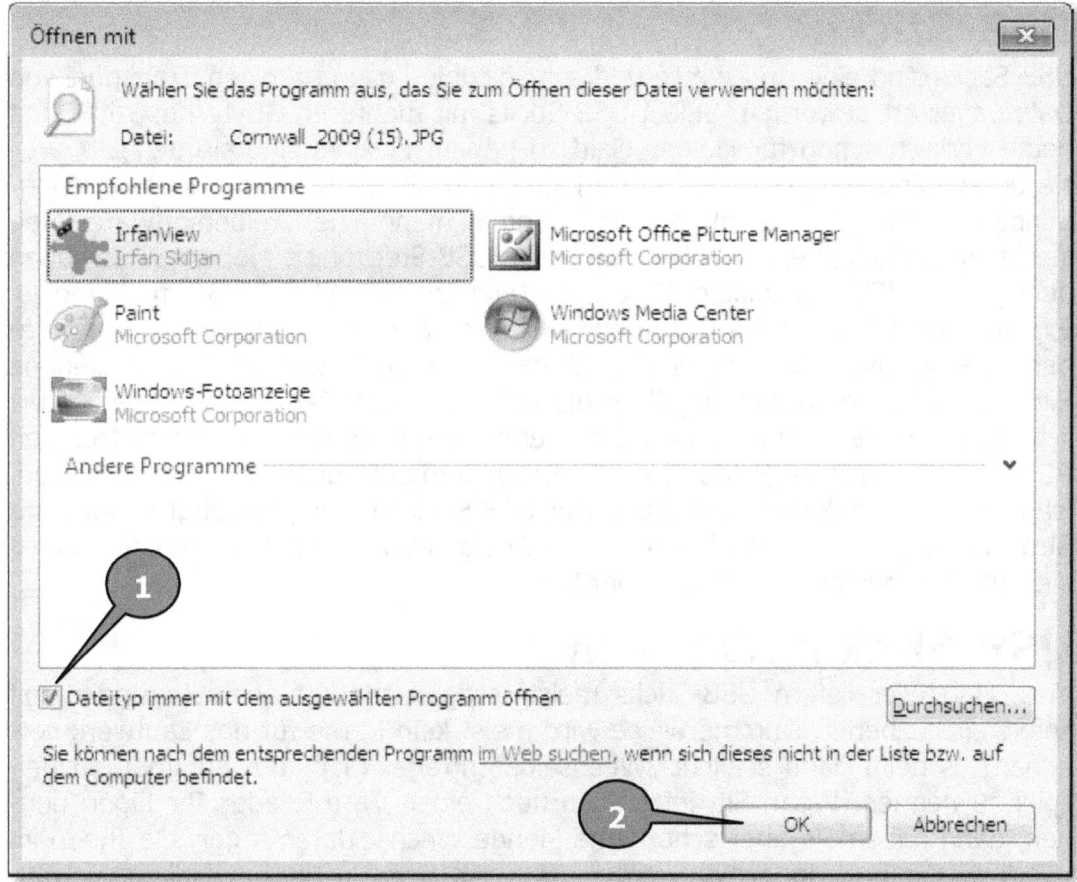

Sie können Ihr favorisiertes Programm auswählen, in dem Sie es einmal anklicken. Achten Sie darauf, dass das Häkchen gesetzt ist bei **Dateityp immer mit dem ausgewählten Programm öffnen** (Pfeil 1). Wenn Sie dann noch auf die Schaltfläche **OK** (Pfeil 2) klicken, werden künftig alle Dateien gleichen Typs, bei Fotos meist JPG, mit dem Programm Ihrer Wahl geöffnet, wenn Sie sie doppelklicken.

USB-Sticks

USB-Sticks sind eine preiswerte und sehr flexible Lösung für den Transport von Daten aller Art geworden. Selbst USB-Sticks mit mehreren GByte Kapazität sind heute wirklich schon für kleines Geld zu haben. Flexibel sind sie deshalb, weil sie unter Windows 7 automatisch erkannt und als Laufwerk ins System eingebunden werden. Sie benötigen nicht einmal mehr eine Treibersoftware. Man steckt sie einfach in einen beliebigen freien USB-Steckplatz. Moderne PCs haben genug freie USB-Steckplätze ☺. Bedient werden USB-Sticks z.B. im Windows-Explorer. Dort können Sie Daten aller Art, also auch Fotos, kopieren, verschieben oder löschen. Die Bedienung ist dabei identisch wie im Ordner „Eigene Bilder". Wenn Sie vorhaben sollten die Fotos Ihres letzten Urlaubs oder natürlich andere Fotos irgendwohin mit zu nehmen, um sie dort auf einem fremden PC zu zeigen oder Sie Fotos in einem Drogeriemarkt ausdrucken lassen wollen, ist so ein USB-Stick die erste Wahl. Der USB-Stick ist klein, benötigt keine extra Stromversorgung, Daten können fast beliebig oft verändert werden und er ist wesentlich robuster als eine CD oder DVD.

USB-Stick umbenennen

Viele Hersteller liefern USB-Sticks meist fertig formatiert aus. Sie sind damit sofort einsatzbereit. Dummerweise wird meist kein Name für das Laufwerk vergeben. Es heißt dann schlicht „Wechseldatenträger (J:)", um nur mal ein Beispiel zu nennen. Wenn Sie jetzt auch noch einen Card-Reader Ihr Eigen nennen, dann haben Sie aber schon eine Menge Wechseldatenträger, die Ihnen im Windows-Explorer angezeigt werden. Hilfreich wäre in diesem Fall, dem USB-Stick einen passenden Namen zu geben. Man findet ihn dann einfach schneller.

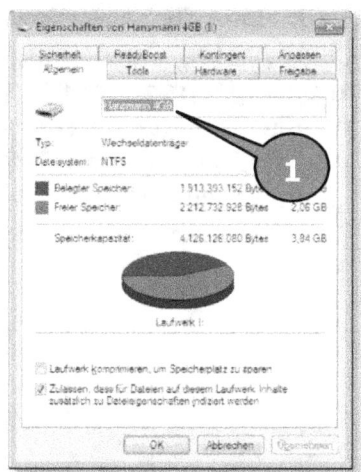

Das Benennen ist ziemlich einfach. Starten Sie den Windows-Explorer. Suchen Sie den USB-Stick in der linken Ordnerleiste des Windows-Explorers. Klicken Sie das Laufwerk einmal mit der linken Maustaste an. Bleiben Sie mit dem Mauszeiger exakt auf dem markierten Eintrag und drücken Sie einmal kurz auf die rechte Maustaste. Wählen Sie aus dem Kontextmenü den Befehl **Eigenschaften**. In unserem Beispiel sehen Sie, dass der USB-Stick bisher Wechseldatenträger J: heißt. Jetzt trage ich in das Namensfeld (Pfeil 1) einfach meinen Wunschnamen ein und klicke anschließend auf die Schaltfläche **OK**. Et voila: Schon hat das Kind seinen Namen.

USB-Stick mit eigenem Piktogramm

Lesen Sie sich doch mal das Kapitel „**Piktogramm der Speicherkarte ändern**" durch. Dort steht genau beschrieben, wie das durch zu führen ist. Es spielt nämlich überhaupt keine Rolle, ob Sie das für einen USB-Stick, die Speicherkarte Ihrer Digitalkamera oder etwa die Partitionen Ihrer Festplatten machen.

USB-Sticks und Speicherkarten löschen

Grundsätzlich lassen sich Dateien auf diesen beiden Medientypen genauso löschen wie auch auf der Festplatte. Sie markieren die entsprechende Datei oder die entsprechenden Dateien durch einfachen Mausklick, oder in Verbindung mit der Shift- bzw. Strg-Taste und drücken dann die **Entf**-Taste (Entfernen) auf Ihrer Tastatur. Es erscheint eine Sicherheitsabfrage, ob Sie diese Dateien wirklich in den Papierkorb verschieben wollen. Klicken Sie in diesem kleinen Fenster auf die Schaltfläche **Ja** (Pfeil 1), werden die markierten Dateien in den Papierkorb verschoben.

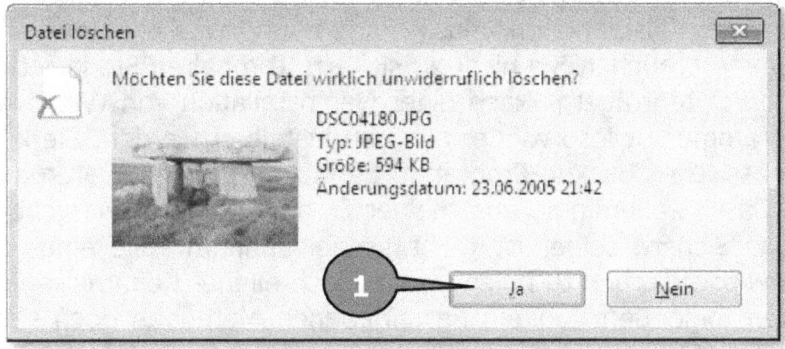

Oder bleiben Sie mit dem Mauszeiger genau auf einem der markierten Objekte (Siehe Kapitel: Löschen von Fotos), egal auf welchem, machen Sie einen kurzen Rechtsklick mit der Maus und wählen Sie aus dem Kontextmenü den Befehl **Löschen**. Auch dann erscheint die Sicherheitsabfrage, die Sie noch mit **Ja** bestätigen müssen.

Bei der Speicherkarte Ihrer Digitalkamera können Sie grundsätzlich genauso vorgehen. Allerdings gibt es da eine schnellere Methode. Jede Digitalkamera hat nämlich irgendwo im Menü einen Befehl „**Formatieren**". Mit diesem Befehl können Sie die Speicherkarte in wenigen Sekunden vollständig leerfegen. Wenn Sie nicht genau wissen, wo in den Menüs der Digitalkamera der Befehl versteckt ist, sehen Sie in der Bedienungsanleitung nach. Da kocht nämlich jeder Hersteller sein eigenes Süppchen.

Daten sichern

Ganz zweifellos sind die Daten und damit natürlich auch Ihre Fotos, auf einem PC deutlich stärker gefährdet als die guten, alten Papierbilder im Schuhkarton oder im Fotoalbum. Ein PC kann gestohlen werden, ein Defekt oder eine Überspannung durch einen Blitzeinschlag können Ihre Daten für immer vernichten. Diese Gefahr sollten Sie niemals unterschätzen! Sie sollten also Ihre Daten regelmäßig auf ein Medium sichern, das Sie auch weit ab vom Computer lagern können. Sie können mich da ruhig paranoid nennen ☺. Aber glauben Sie mir, ich habe schon zu viel gesehen. Nehmen Sie sich die Zeit für eine ordentliche Datensicherung. Die beiden Hauptsicherungsmedien im Heimbereich sind sicherlich die CD bzw. DVD und die externe Festplatte. In den folgenden beiden Kapiteln zeige ich Ihnen einfache Methoden, wie Sie nicht nur alle relevanten Daten sichern, sondern auch beim Verlust einzelner oder vieler Daten, diese wieder von Ihrem Sicherungsmedium zurück holen. Grundsätzlich sollten Sie alle Daten im Ordner **Bibliotheken** sichern. Also nicht nur Ihre Fotos, sondern auch Dokumente, Kalkulationen, Musik, Videos und was Sie sonst noch so haben. Programme brauchen Sie nicht zu sichern. Die haben Sie ja schließlich auf irgendwelchen Datenträgern. Nach einer Neuinstallation von Windows 7 müssten die Programme sowieso wieder alle neu installiert werden. Sie könnten natürlich ein klassisches Backup-Programm benutzen, um Ihre Daten automatisch zu sichern. Das ist allerdings, aus meiner Sicht, für Anfänger nicht unbedingt geeignet. Das Sichern selber ist recht simpel aber im Falle eines Crashs die Daten ALLE wieder zurück zu holen bedarf doch einiger Kenntnisse. Da sind die in den beiden folgenden Kapiteln beschriebenen Methoden doch sehr viel anfängerfreundlicher.

Datensicherung auf CD oder DVD

Eine Datensicherung auf CD oder DVD ist mittlerweile recht preiswert. Selbst dann, wenn Sie mehrere Medien dazu brauchen, weil nicht mehr alles auf einen Datenträger passt. CDs haben ein Fassungsvermögen von 650-700 MByte, DVDs von 4,7 GByte und BlueRays gibt es sogar mit 25 bzw 50 GByte. Wenn wir mal von einer durchschnittlichen Größe von ca. 3 MByte pro Foto ausgehen, bekommen Sie also auf eine CD ca. 220-250 Fotos, auf eine DVD ca. 1500 Fotos und auf eine BlueRay ca. 6000 bzw. 12000 Fotos. Wenn Sie sich mal Ihre Fotosammlung ansehen, werden Sie schnell erkennen, welches Medium für Sie besser geeignet ist. Alle Medien gibt es übrigens auch als wiederbeschreibbar.

Diese sind zwar in der Anschaffung etwas teurer, dafür können Sie etwa 100 Mal neu beschrieben werden. Langfristig kommt man also mit den Wiederbeschreibbaren billiger davon. Mein favorisiertes Programm für die Datensicherung auf CD/DVD/BluRay ist das Programm **CDBurnerXP**. Es hat den großen Vorteil, dass es für die Privatnutzung kostenlos ist. Außerdem ist es in Deutsch verfügbar, sehr einfach zu installieren und zu bedienen. Sie können das Programm im Internet kostenlos unter **www.cdburnerxp.se** herunterladen. Keine Angst. Auch wenn im Namen die Buchstaben XP vorkommen... Die Software läuft auch unter Windows 7.

Nach der Installation starten Sie das Programm. Folgendes Fenster öffnet sich.

Klicken Sie einmal auf **Daten-Zusammenstellung** (Pfeil 1) und dann auf die Schaltfläche **OK** (Pfeil 2).

Suchen Sie links oben die zu sichernden Ordner aus. In diesem Beispiel ist das der Ordner **Eigene Bilder**. Der befindet sich im Ordner **Bilder**. Aus dem Ordner **Eigene Bilder** möchte ich die Jahresordner **1999** bis **2009** (Pfeil 1) sichern. Dazu ziehe ich einen Ordner nach dem Anderen, mit gedrückter linker Maustaste rechts unten in das Feld (Langer Pfeil). Dort sehe ich alle bereits für den Brennvorgang zusammengestellten Ordner (Pfeil 2). Dabei darf ich den Füllstandsanzeiger (Pfeil 3) nicht aus den Augen verlieren. Bei einer CD sollte ich 650 MByte nicht überschreiten, bei einer DVD muss ich unter 4,7 GByte bleiben und bei einer BlueRay unter 25 bzw. 50 GByte. Wie Sie in diesem Beispiel sehen, werde ich nicht alle Fotos auf eine DVD bekommen. Die Ordner 1999 bis 2007 sind zusammen schon über 4 GByte groß. Die Ordner 2008 und 2009 werden wahrscheinlich nicht mehr mit auf eine DVD passen. Da versuche ich dann auch gar nicht mehr mich mühsam heranzutasten. Ich akzeptiere einfach, dass ich zwei DVDs benötige. Ist die eine CD/DVD fertig, mache ich einfach eine neue Zusammenstellung für die beiden verbliebenen Ordner.

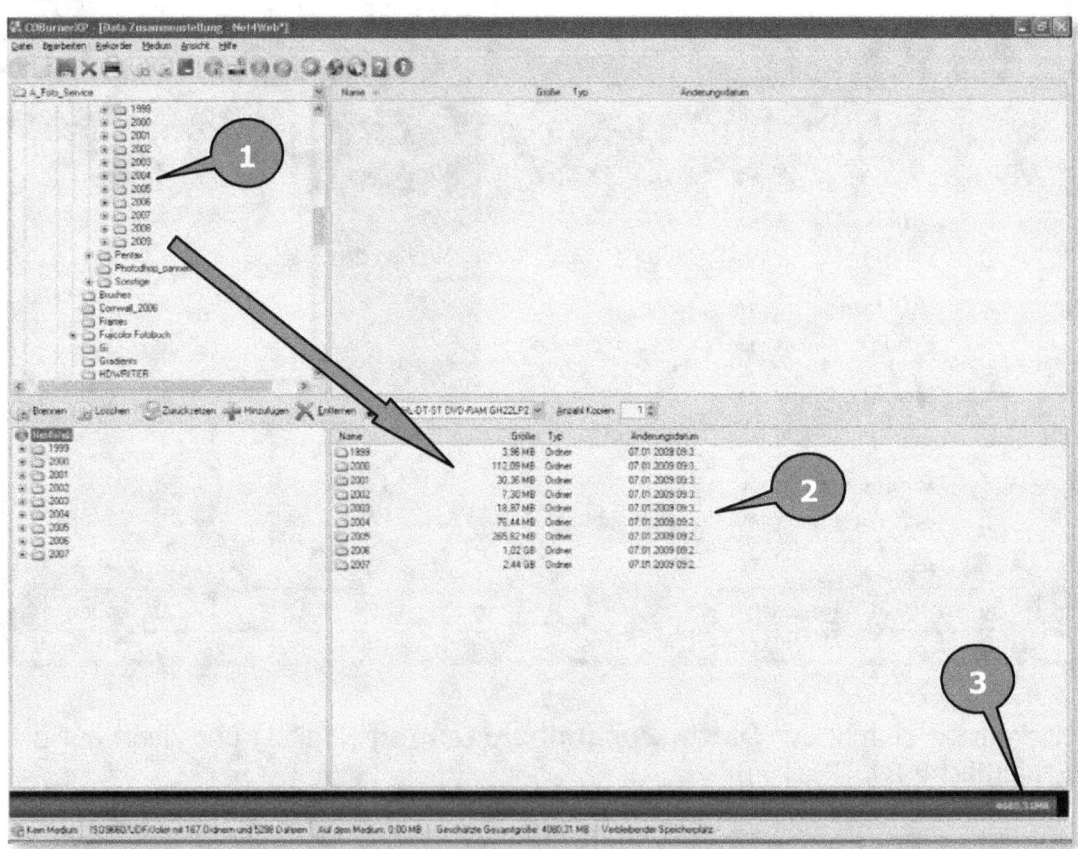

Haben Sie alles in der Zusammenstellung, was Sie wollten, bzw. was rein passt, klicken Sie einmal auf die Schaltfläche **Brennen**.

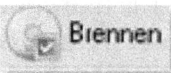

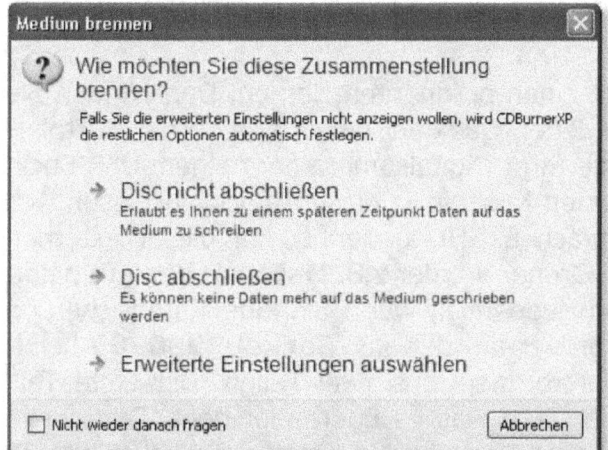

Daraufhin öffnet sich dieses kleine Fenster. Sie sollten die **Disc abschließen**. Das garantiert, dass Sie den Datenträger nach dem Brennen auf jedem PC öffnen können. Übrigens können Sie diese dann auch möglicherweise auf Ihrem DVD-Spieler im Wohnzimmer abspielen!

Das Programm zeigt Ihnen an, was für eine Kapazität Ihr Medium haben muss. Bei allem was über 650 MByte liegt, ist es klar, dass Sie mindestens einen DVD-Rohling benötigen. Legen Sie diesen jetzt ein und in einigen Minuten wird Ihre Datensicherung fertig sein. Je nach Rechenleistung Ihres PC sollten Sie während des Brennvorgangs keine weiteren

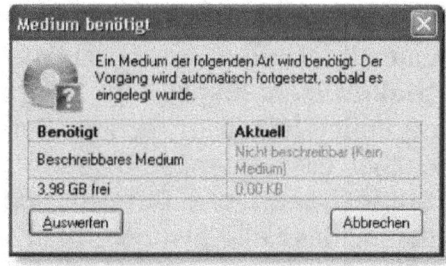

Programme starten! Das führt manchmal zu einem so genannten Buffer-Underrun. Der Speicher für den Brenn-Datenstrom läuft leer und damit wird die CD/DVD unbrauchbar. Ich finde immer, soviel Zeit sollte man sich nehmen ☺. Beschriften Sie den Datenträger anschließend sofort. Und das eindeutig. Schreiben Sie mit einem geeigneten Stift darauf, was Sie gesichert haben und vergessen Sie das Datum nicht. Dann wissen Sie später auch immer, welche Ihre aktuellste Datensicherung ist. Auch auf die Gefahr hin, dass Sie nochmal sagen, ich sei paranoid ... Sie sollten mehr als nur eine Datensicherung haben. Ein Datenträger kann ja auch mal kaputt gehen. Dann würden Sie auch alle Daten verlieren!

Datensicherung auf eine externe Festplatte

Externe Festplatten mit einer Kapazität von mehreren hundert Gigabyte oder sogar mehr als 1 Terabyte, bekommt man heute sehr preisgünstig. Der Vorteil dieser Systeme ist, dass sie an einen freien USB-Steckplatz angeschlossen werden und sich unter Windows 7 automatisch einbinden. Sie brauchen also keine zusätzliche Software und Sie müssen auch keinerlei Einstellungen vornehmen. Sie können quasi wenige Sekunden nach dem Anschließen schon los legen.

Geben Sie Ihrer externen Festplatte einen prägnanten Namen. Dann finden Sie sie im Windows-Explorer schneller wieder. Das geht bei einer externen Festplatte genauso wie bei der Speicherkarte Ihrer Digitalkamera oder einem USB-Stick. Das können Sie in den entsprechenden Kapiteln in diesem Buch nachlesen. Ich habe meine externe Festplatte einfach Ext-HD genannt. Auf dieser externen Festplatte legen Sie zunächst einen Ordner an, der z.B. **Datensicherung** heißt. In diesem Ordner legen Sie Sie sich jedes Mal, wenn Sie eine Datensicherung durchführen möchten, einen Unterordner an, der z.B. **Backup_230909** heißt. Dabei besteht der Name dieses Unterordners aus zwei Teilen. Der erste Teil, nämlich das Wort „Backup", zeigt an, um was es überhaupt geht. Der zweite Teil 230909 ist das Datum des aktuellen Backups. So können Sie bei mehreren Backups immer auf einen Blick sehen, welche die aktuellste Version ist. Wenn Sie diesen neuen Ordner angelegt haben, gehen Sie auf der Festplatte in den Ordner **Bibliotheken**. Es reicht, wenn Sie ihn in der linken Explorer-Leiste einmal anklicken um ihn zu markieren. Sie erinnern sich? Der Ordner **Bibliotheken** steht immer sehr zentral. Wenn Sie ihn markiert haben, erscheint sein gesamter Inhalt im rechten Bereich des Windows-Explorers. Drücken Sie jetzt einmal die Tastenkombination **Strg+a**. Das markiert innerhalb des Ordners **Bibliotheken** alle Dateien und Ordner auf einen Schlag. Sie erkennen das daran, dass alle Symbole blau umrahmt werden. Drücken Sie nun einmal die Tastenkombination **Strg+c**. Der Windows-Explorer weiß nun, dass Sie diese Dateien und Ordner irgendwo hin kopieren möchten. Sie müssen ihm jetzt nur noch mitteilen, wohin es denn gehen soll. Klicken Sie in der linken Windows-Explorerleiste auf den Ordner, den Sie gerade angelegt haben. Also z.B. **Ext-HD/Datensicherung/Backup_230909**. Dieser Ordner ist noch leer. Sie haben ihn ja gerade erst angelegt. Klicken Sie auf der rechten Seite des Windows-Explorers einmal in die leere weiße Fläche. Drücken Sie jetzt einmal die Tastenkombination **Strg+v**. Der Windows-Explorer beginnt nun damit alle Dateien aus dem Ordner **Bibliotheken** in Ihren **Backup-Ordner** zu kopieren. Je nach Datenmenge kann das eine Weile dauern.

Wie Sie am folgenden Beispiel sehen können, habe ich mehrere Backup-Ordner auf meiner externen Festplatte. Ich habe recht viele Daten. Jedes meiner Backups ist ca. 50 GByte groß. Meine externe Festplatte hat eine Kapazität von 500 GByte. Es gehen also einige Backups da drauf, bevor der Platz knapp wird. Die Bevorratung mehrerer Backups macht das System nicht langsamer. Und solange ich genug Platz habe, gibt es daher auch keinen Grund alte Backups zu löschen. Sollten Sie mal zusätzlichen Platz benötigen, können Sie immer noch die ältesten Backup-Ordner löschen.

Wenn Sie ein Backup durchgeführt haben, sollten Sie die externe Festplatte abklemmen und irgendwo separat einlagern, bis sie wieder benötigt wird. Das ist wichtig! Denn wenn es z.B. mal zu einem Blitzeinschlag kommt und die externe Festplatte ist auch am Rechner angeschlossen, dann können Sie davon ausgehen, dass ein Blitz auch nicht vor der externen Festplatte halt macht ☺.

Was ist der Vorteil dieser Methoden?

Die Bevorratung mehrerer Backups, egal ob auf CD/DVD oder einer externen Festplatte hat einige Vorteile. Sollte mal in der aktuellsten Datensicherung eine Datei beschädigt sein oder Sie haben mal zwischendurch etwas aus dem Ordner **Bibliotheken** gelöscht, was Sie lieber nicht gelöscht hätten, dann ist die Chance natürlich sehr groß, dass Sie in einem älteren Backup diese Dateien noch intakt vorfinden. Ein weiterer Vorteil, gegenüber dem Einsatz eines klassischen Backup-Programms ist sicherlich der, dass Sie auch einzelne Dateien leicht aus einem Backup-Ordner zurück in Ihren Ordner **Bibliotheken** holen können. Sie finden auch alles leicht wieder, da die Ordnerstruktur ja weitestgehend identisch mit der Ordnerstruktur in **Bibliotheken** ist.

Der Papierkorb

Um das versehentliche Löschen von Dateien zu verhindern, erscheint bei jedem Löschvorgang eine Sicherheitsabfrage, ob Sie die betreffenden Dateien wirklich löschen wollen. Selbst wenn sie das bestätigen, sind sie noch nicht endgültig gelöscht. Sie werden zunächst in den **Papierkorb** verschoben.

Erst wenn Sie den **Papierkorb** durch Doppelklick öffnen, finden sie dort den Befehl **Papierkorb leeren** (Pfeil 1). Klicken Sie darauf, sind danach die Dateien wirklich und unwiderruflich gelöscht. Naja. Ehrlich gesagt gibt es dann auch noch eine theoretische Möglichkeit die Daten wieder sichtbar zu machen. Das geht unter Umständen mit einem so genannten Undelete-Programm.

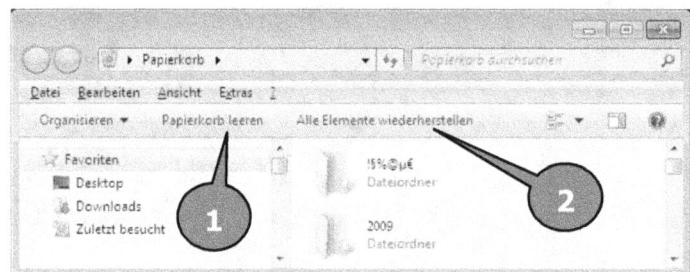

Klicken Sie hingegen auf **Alle Elemente wiederherstellen** (Pfeil 2), werden alle Dateien wieder an ihren Ursprungsort verschoben. Klicken Sie jedoch nur ein bestimmtes Element einmal an, ändert sich der Text des Befehls auf **Element wiederherstellen** (Pfeil 3). Klicken Sie diesen dann an, wird auch nur dieses eine markierte Element wieder an seinen Ursprungsort verschoben.

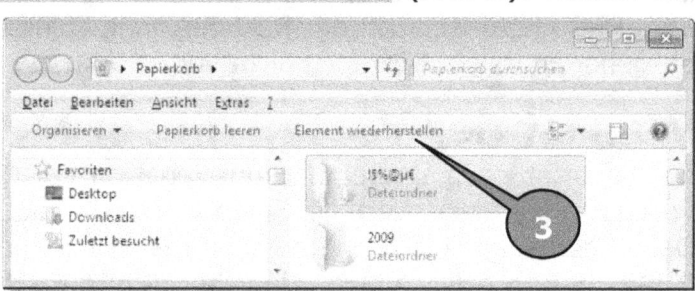

Wenn Sie mal Dateien versehentlich gelöscht haben, kann der Papierkorb sozusagen Ihr letzter Rettungsanker sein. Das wäre, als ob Sie den Lottoschein in den Papierkorb geworfen haben. Solange der in der Küche steht, können Sie ihn dort auch wieder heraus holen. Erst wenn die Müllabfuhr alles abgeholt hat, gibt es nur noch eine theoretische Chance wieder an den Zettel zu kommen. Eine sehr theoretische Chance ☺.

IrfanView

IrfanView ist ein kostenloses aber äußerst leistungsfähiges Grafik- und Bildbearbeitungsprogramm. Es ist ausdrücklich, vom Autor so erwünscht, für die private Nutzung kostenlos weiterzugeben. **IrfanView** benötigt sehr wenig Platz und geht auch mit dem Arbeitsspeicher und der Rechenzeit sehr sparsam um. Gleichzeitig bietet es aber Funktionen, die denen der teuren oder bekannteren Grafikprogramme in nichts nachstehen. Teilweise bietet es sogar Funktionen, die es so in keinem anderen Programm gibt.

IrfanView können Sie unter **www.irfanview.at** im Internet herunter laden (downloaden). Neben dem eigentlichen Programm, gibt es noch zahlreiche Erweiterungen (PlugIn's), die ebenfalls kostenlos sind und dort zum Download bereitstehen. Sicherlich benötigt man nicht alle diese Erweiterungen. Aber ein Blick in die Funktionsliste lohnt sich schon. Vielleicht ist etwas für Sie dabei.

IrfanView installieren

IrfanView zu installieren, ist so einfach, wie man das heutzutage von jedem Windows-Programm erwarten kann. Sie sollten jedoch den vorgeschlagenen Installationspfad nicht verändern. Nicht, weil das nicht ginge, sondern weil es später einfacher ist evtl. Plugin's zu installieren. Diese suchen nämlich zunächst einmal während der Installation nach dem Standardpfad, in dem **IrfanView** üblicherweise installiert wird.

Sie haben **IrfanView** aus dem Internet heruntergeladen und auf Ihrer Festplatte gespeichert. Starten Sie den Windows-Explorer und suchen Sie den Ordner auf, in dem Sie die Datei gespeichert haben. Dort finden Sie ein Piktogramm wie dieses hier.

Das Aussehen kann je nach eingestellter Ansichtsform in Ihrem Windows-Explorer variieren. Und die Versionsnummer, die mit in den Dateinamen integriert ist, hier die Version 4.25, kann sich natürlich auch mal ändern. Doppelklicken Sie diese Datei, um die Installation von **IrfanView** zu starten.

Sie werden gefragt, ob Sie das Programm wirklich installieren wollen. Klicken Sie auf die Schaltfläche **Ausführen**. Wenn Sie einmal die Sicherheitseinstellungen für das Installieren von Programmen verändert haben, wird diese Meldung nicht erscheinen. Dann geht es gleich mit dem nächsten Bild weiter.

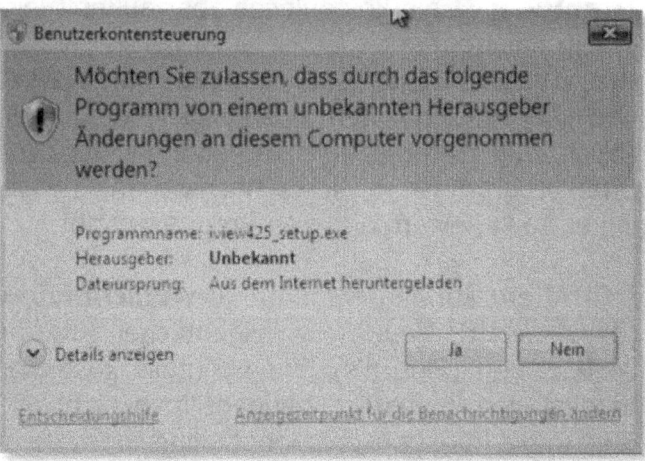

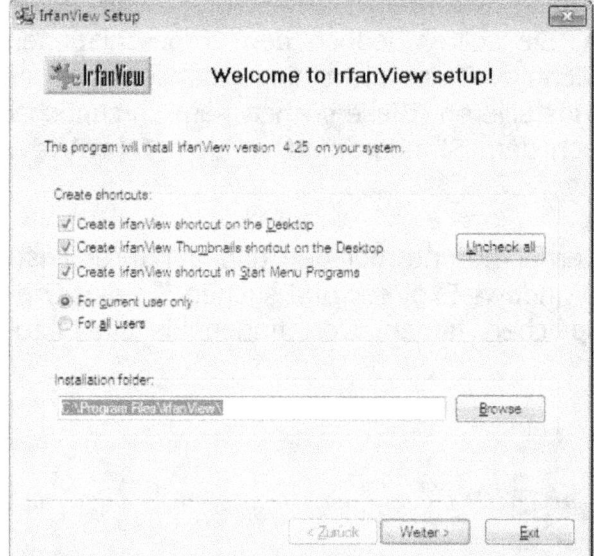

Hier können Sie einige Einstellungen zur Installation des Programms vornehmen. Wenn Sie mehrere Benutzer auf Ihrem PC eingerichtet haben, sollten Sie überlegen, ob Sie **IrfanView** jedem Benutzer zugänglich machen wollen. Dazu müssen Sie nur das Feld vor **For all users** (Für alle Benutzer) aktivieren. Voreingestellt ist nämlich **For current user only** (nur für den momentan gestarteten Benutzer). Wenn Sie sich entschieden haben, klicken Sie auf die Schaltfläche **Weiter**.

Digitalkamera und dann? - Für Windows 7

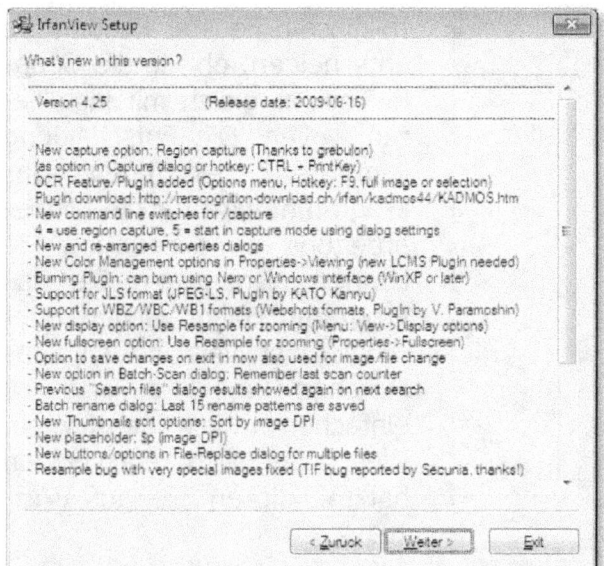

Sie bekommen eine Liste mit den Neuerungen seit der letzten Version angezeigt. Das war aber bisher nicht in allen Versionen so. Klicken Sie auf die Schaltfläche **Weiter**.

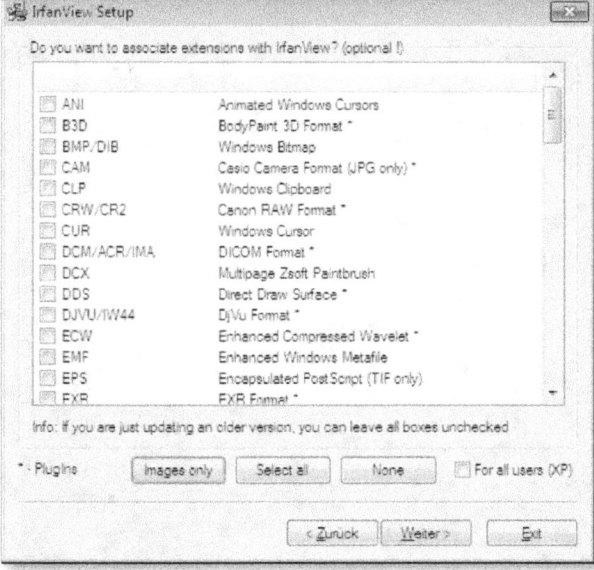

In diesem Fenster können Sie entscheiden, welche Dateitypen mit **IrfanView** verknüpft werden sollen. Das bedeutet, dass eine Datei, die Sie im Windows-Explorer doppelklicken, automatisch in **IrfanView** geöffnet wird. Wenn **IrfanView** Ihr favorisiertes Bildbearbeitungsprogramm ist, können Sie z.B. nur JPG mit **IrfanView** verknüpfen. Alle hier aufgelisteten Dateitypen zu verknüpfen würde ich eher nicht empfehlen, weil dann auch Videofilme und Musik immer in **IrfanView** geöffnet werden. Und das wäre nicht praktisch ☺. Klicken Sie auf die Schaltfläche **Weiter**.

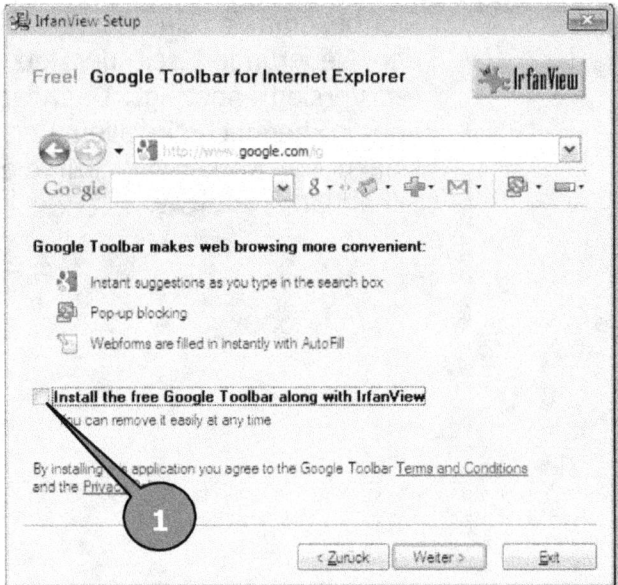

In diesem Fenster können Sie entscheiden, ob Sie die Google Toolbar gleich mit installieren wollen. Die Entscheidung liegt ganz bei Ihnen. Das Programm wird für die Bildbearbeitung nicht benötigt. Sie können also, wenn Sie das Programm nicht wollen oder schon installiert haben, das Häkchen (Pfeil 1) davor durch einfachen Klick entfernen. Wenn Sie sich entschieden haben, klicken Sie auf **Weiter**.

Hier können Sie die Voreinstellung unverändert lassen. Klicken Sie einfach auf die Schaltfläche **Weiter**.

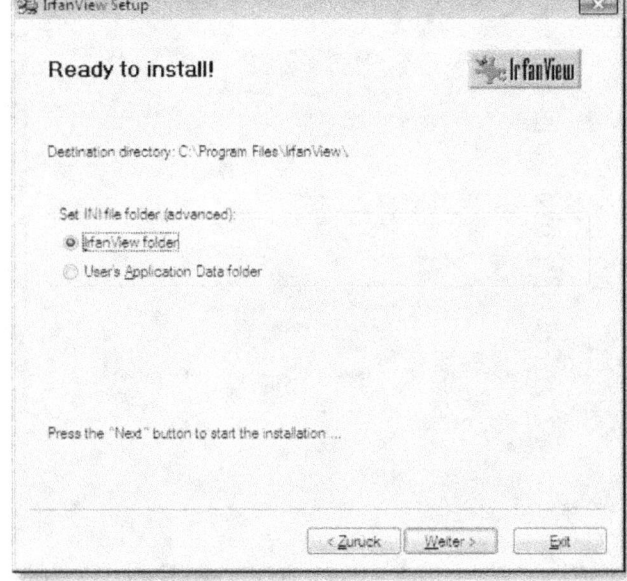

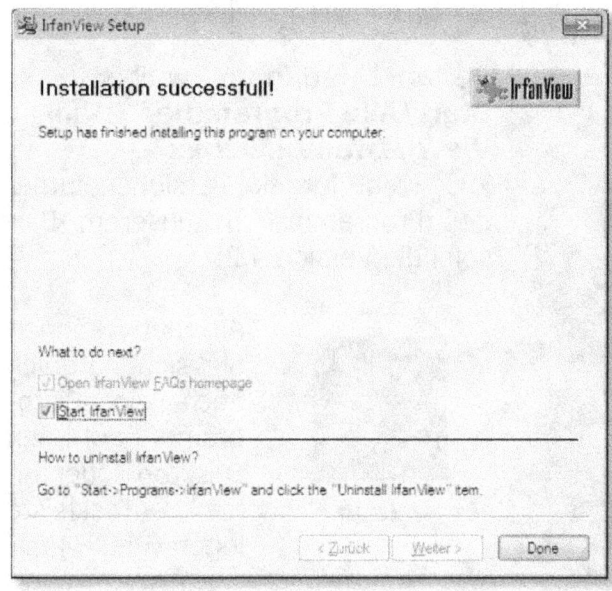

Die Installation geht wirklich rasend schnell. In der aktuellen Version 4.25 ist **IrfanView** nämlich nur ca. 1,5 MByte groß. Das ist schon fantastisch, wenn man mal bedenkt, was das Programm alles kann. Wenn das Häkchen bei **Start IrfanView** gesetzt ist, startet das Programm, sobald Sie auf die Schaltfläche **Done** klicken. Gleichzeitig versucht das Programm eine Internetverbindung aufzubauen. Wenn das erfolgreich ist, landen Sie auf einer Art Hilfeseite, die Ihnen die wichtigsten Funktionen von **IrfanView** erklärt. Das war es schon. Jetzt können Sie die Sprache auf Deutsch einstellen und Ihre ersten Fotos nachbearbeiten.

Arbeiten mit IrfanView

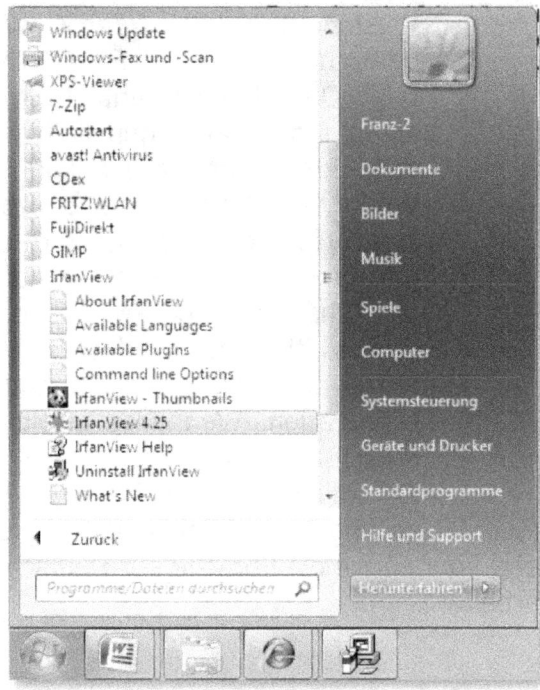

Gestartet wird IrfanView über **Start/Alle Programme/ Irfan-View /IrfanView x.xx**
x.xx steht für die Versionsnummer des Programms. In unserem Beispiel die Version 4.25.

Icon

Alternativ können Sie sich natürlich auch ein Piktogramm auf den Desktop oder in die Taskleiste legen (Pfeil 1).

Taskleiste

Spracheinstellungen

Glücklicherweise ist der Entwickler von **IrfanView** Österreicher. Daher kommt **IrfanView** nicht nur mit einer englischen, sondern auch mit der deutschen Benutzeroberfläche daher. Nach der Installation startet **IrfanView** allerdings in englischer Sprache. Das ist nicht sehr verwunderlich, da das Programm sich weltweit großer Beliebtheit erfreut. Um die Sprache auf Deutsch umzustellen, gehen Sie folgendermaßen vor:

Starten Sie **IrfanView** wie beschrieben. Klicken Sie in der Menüleiste auf **Options/Change language...** (Pfeil 1).

Wählen Sie, im sich öffnenden Auswahlfenster, **Deutsch** (Pfeil 2) und klicken Sie dann auf **OK** (Pfeil 3).

Damit ist das schon erledigt. Jedes Menü erscheint nun in deutscher Sprache. Lediglich einige Hilfstexte erscheinen noch in Englisch.

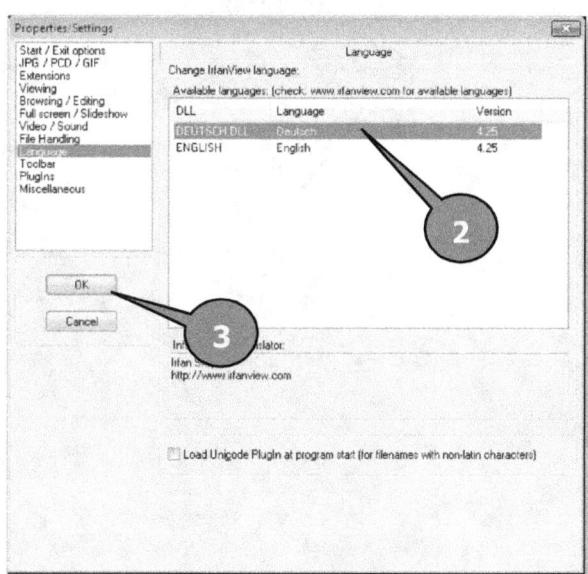

Dia-Show erstellen

Eine Dia-Show zu erstellen ist mit vielen Bildbearbeitungsprogrammen möglich. Allerdings habe ich noch keines gesehen, welches diese Aufgabe so schnell und leicht erledigt wie **IrfanView**. Legen Sie sich zunächst in einem extra dafür angelegten Ordner die Fotos ab, die Sie später in der Dia-Show haben wollen. Die Dateinamen und die Reihenfolge spielen dabei keine Rolle. Die Reihenfolge lässt sich später mit **IrfanView** problemlos ändern. Wenn Ihnen zu jeder Zeit klar ist, welche Fotos Sie in die Dia-Show einbinden wollen, brauchen Sie dafür auch kein Ordner anzulegen. Ich rate aber dringend dazu. Warum fragen Sie? Man sollte nicht endlos viele Fotos in eine einzelne Dia-Show packen, sondern diese in einige Häppchen aufteilen. 20-30 Fotos pro Dia-Show sind genug. Gönnen Sie ihren Gästen bei einer Vorführung auch mal eine Pause ☺. Mit Unterverzeichnissen für jede Dia-Show versuche ich zu vermeiden, Fotos doppelt und dreifach zu verwenden. Außerdem verliere ich nicht die Übersicht, wenn ich mal eine Dia-Show ändern möchte.

Klicken Sie in **IrfanView** auf den Menüpunkt **Datei/Slideshow**. Slideshow ist der englische Begriff für unsere Dia-Show.

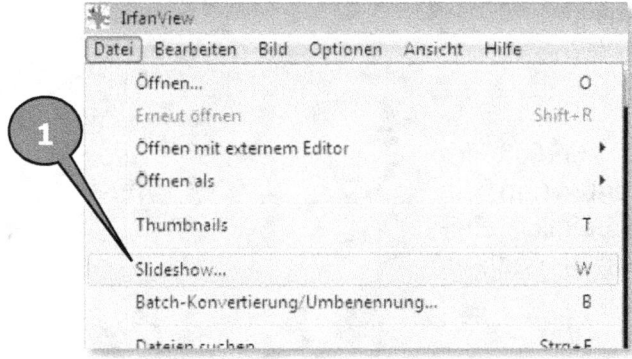

Das folgende Fenster öffnet sich und stellt Ihnen mit einem Schlag alle Funktionen, die Sie für eine Slideshow benötigen, bereit.

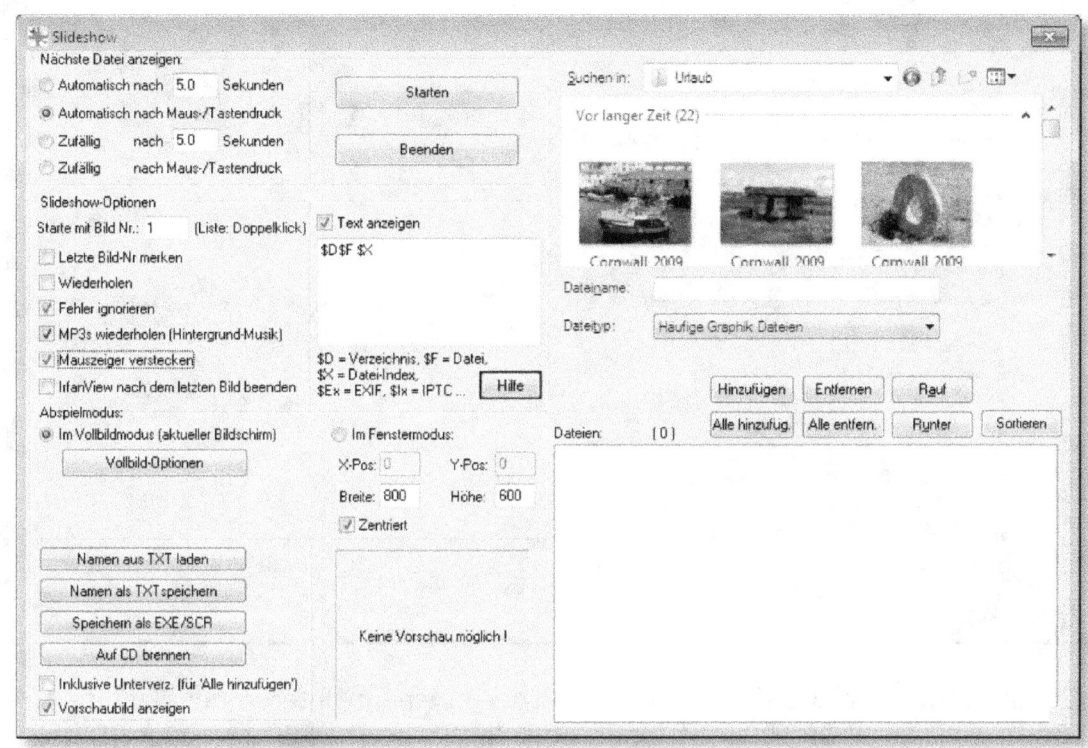

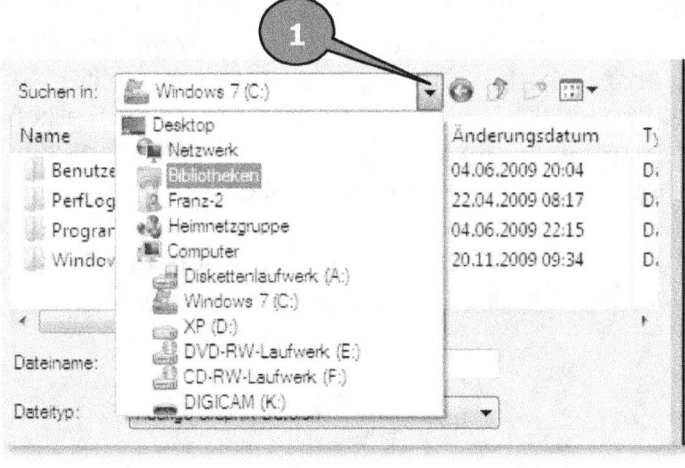

Im rechten Bereich dieses Fensters wählen Sie zunächst einmal den Ordner mit den Fotos aus, den Sie für ihre Dia-Show vorgesehen haben. Klicken Sie dafür auf den kleinen Pfeil (Pfeil 1) und suchen Sie Ihren Fotoordner. Er befindet sich auf jeden Fall in **Bibliotheken/Bilder/Eigene Bilder**.

Digitalkamera und dann? - Windows 7

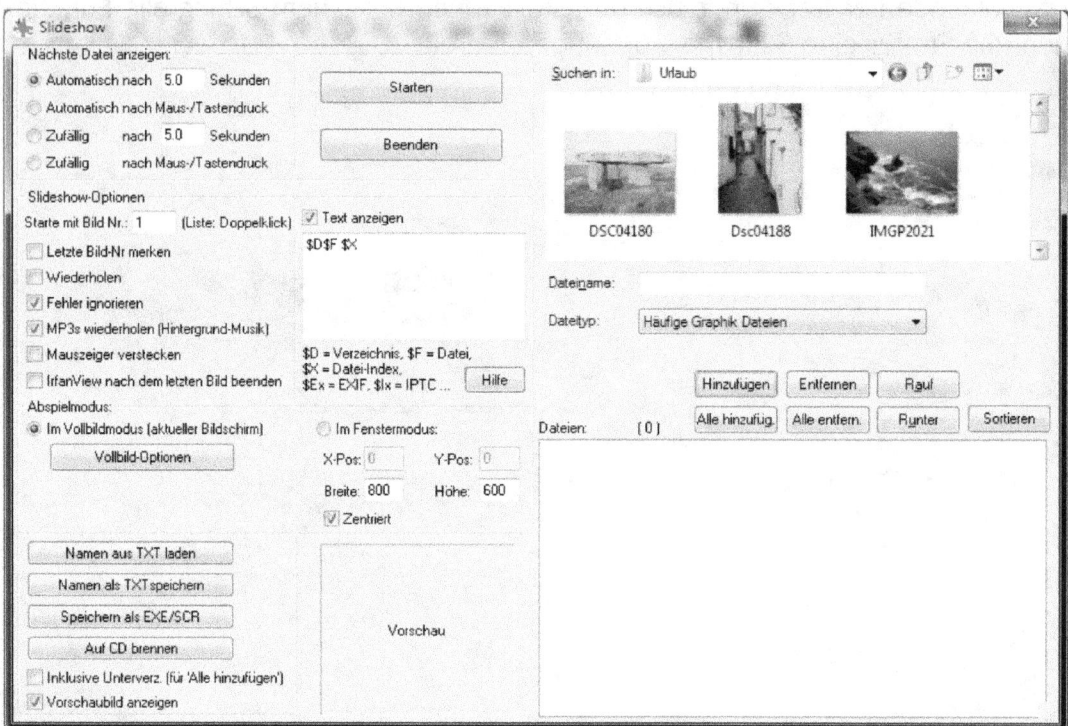

In unserem Beispiel befinden sich die Bilder in einem Unterordner Namens **Urlaub**. Einige der Dateinamen fangen mit IMGP, bzw. DSC an, andere Dateien mit PICT. Das ist ein ziemlich sicheres Zeichen dafür, dass es sich um Fotos aus zwei verschiedenen Kameras handelt. Möglicherweise haben sie sogar verschiedene Auflösungen. Um eine ansprechende Dia-Show zu erhalten, sollten Sie darauf achten, dass die Fotos zumindest ähnliche Auflösungen haben. Sie können ruhig eine größere Auflösung haben, als Ihr Bildschirm sie darstellen kann. Sie werden dann in der Dia-Show automatisch herunter skaliert.

In der rechten unteren Ecke des Fensters befindet sich ein Anfasser (Pfeil 1), mit dem Sie das Fenster größer ziehen können.

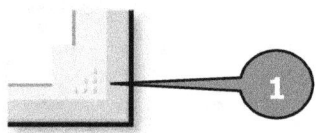

Ich bevorzuge die Arbeit mit einem möglichst großen Fenster, damit ich in der Ansichtsform **Mittelgroße Symbole** möglichst viele meiner Fotos auf einmal sehen kann.

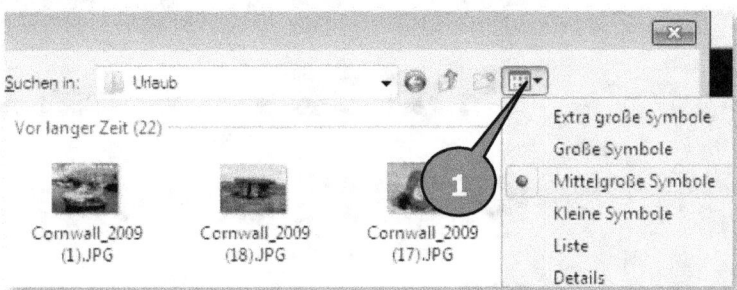

Die Schaltfläche für den Wechsel der Ansichtsart befindet sich rechts oben in dem Fenster (Pfeil 1). Bei allen Programmen, die unter Windows 7 laufen und bei denen es in der Symbolleiste die Möglichkeit gibt, die Ansicht zu wechseln, sieht das Symbol übrigens genauso aus. Jetzt können Sie sich das Fenster so ansehen, wie Sie das als optimal empfinden.

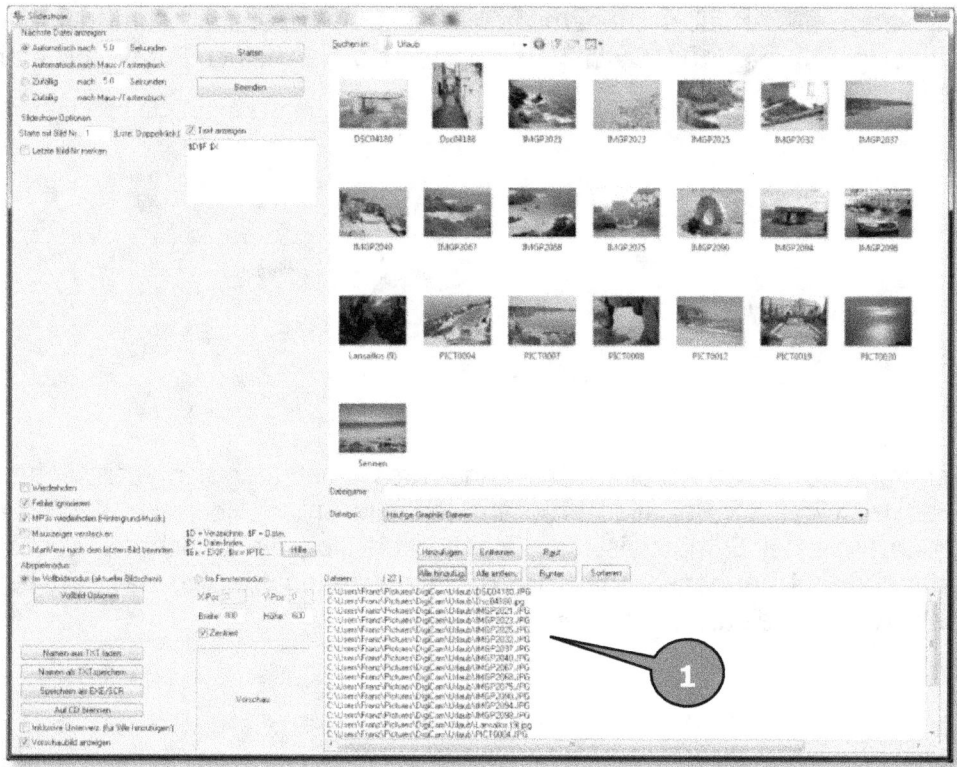

Alle 22 Fotos, die ich in meine Dia-Show integrieren möchte, kann ich auf einmal sehen, wenn ich die entsprechende Fenstergröße und Ansichtsform einstelle. Um die Fotos nun in die Dia-Show zu übernehmen, habe ich drei Möglichkeiten. Alle führen zum gleichen Ergebnis. Entscheiden sie selber, welche Ihnen besser gefällt.

1. Ich markiere in meinem Vorschaufenster alle Fotos, die ich in der Dia-Show haben will, klicke dann auf eines der markierten Fotos mit der linken Maustaste, halte dabei die linke Maustaste gedrückt und ziehe die Fotos, bei weiter gedrückter linken Maustaste, in das untere Feld, über dem **Dateien** steht (Pfeil 1).

2. Ich markiere alle Dateien und klicke dann einmal auf die Schaltfläche

3. Wenn ich alle Fotos aus diesem Ordner in der Dia-Show haben will, kann ich auch einfach auf die Schaltfläche **Alle hinzuf.** klicken.

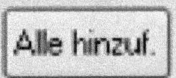

Dann muss ich vorher nicht einmal ein Foto markieren. Achten Sie darauf, **nur einmal** auf die Schaltfläche **Alle hinzuf.** zu klicken. Bei einem Doppelklick würden die Fotos zweimal in Ihrer Dia-Show erscheinen. Je nach Bildschirmauflösung können auf den beiden Schaltflächen auch ein paar Buchstaben mehr stehen (siehe Bild unten).

Leider lässt sich die Aufteilung des Fensters nicht verschieben, wie Sie das etwa aus dem Windows-Explorer kennen. Um alle Dateien zu kontrollieren, haben Sie aber immerhin einen Scrollbalken an der Unterseite des Dateibereichs.

Scrollbalken

Es sind auch Schaltflächen vorhanden, um Dateien wieder aus der Dia-Show zu entfernen.

Entweder markierte Dateien entfernen:

Oder alle auf einmal entfernen:

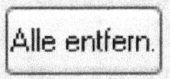

Man könnte ja mal versehentlich die falschen Fotos angeklickt haben. Und so muss man dann nicht ganz von vorne anfangen.

Mit den beiden Schaltflächen **Rauf** und **Runter** können Sie ein markiertes Foto an eine andere Stelle schieben.

So können Sie die Reihenfolge, in der die Fotos Ihrer Dia-Show ablaufen, festlegen ohne die Dateien erst umbenennen zu müssen. Wenn Sie z.B. das letzte Foto in der Dateiliste an die sechste Position von oben habe möchten, markieren Sie einfach diese Datei durch einen Mausklick und klicken anschließend so oft auf die **Rauf**-Taste, bis die Datei an der gewünschten Stelle ist.

Jetzt können Sie sich schon auf das Verhalten der Dia-Show stürzen. Die dafür benötigten Einstellungen können Sie in diesem Bereich des Fensters vornehmen:

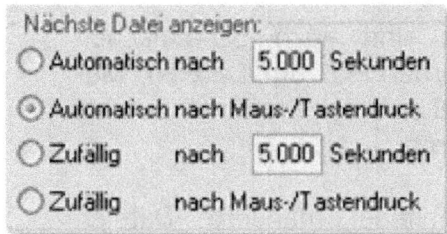

Sie haben vier Möglichkeiten den Ablauf Ihrer Dia-Show festzulegen.

1. Sie können die Dia-Show automatisch ablaufen lassen und sich ganz entspannt zurück lehnen. Voreingestellt, für das automatische Einblenden des nächsten Fotos, ist eine Zeit von 5 Sekunden. Diese Zeit können Sie aber nach eigenem Empfinden verändern. Wenn man zu jedem Foto etwas erklären möchte, reichen 5 Sekunden wahrscheinlich sowieso nicht aus.
2. Hat man viel zu jedem Foto zu erklären, ist es vielleicht besser, das Weiterschalten zum nächsten Foto per Mausklick vorzunehmen. Dazu würden Sie dann einfach auf den Knopf vor **Automatisch nach Maus-/Tastendruck** klicken.
3. Sie können die Dia-Show auch dem Zufall überlassen. Natürlich nur die Reihenfolge der Fotos ☺. Dazu würden Sie auf **Zufällig nach 5 Se-**

kunden klicken. Auch hier können Sie die Zeit bis zum Bildwechsel einstellen. Natürlich macht es hier keinen Sinn, vorher die Fotos zu sortieren, wenn man dann die Dia-Show nach Zufallsprinzip ablaufen lässt. Die Zeit kann man sich dann getrost sparen.

4. Auch das Zufallsprinzip lässt sich noch über die Maus steuern ☺. Der vierte Menüpunkt macht jeden Mausklick zur Überraschung, da dann ebenfalls die Reihenfolge der Fotos nicht vorhersehbar ist.

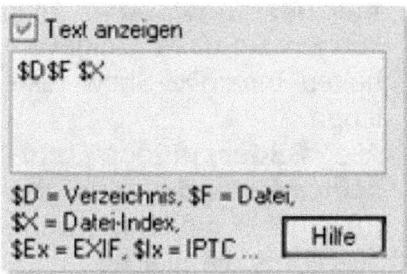

Diesen kleinen Fensterbereich sollten Sie sich auch unbedingt ansehen. Sie können hier entscheiden, ob und wenn ja, welche Informationen über das jeweilige Foto in der Dia-Show angezeigt werden. Sie brauchen keine Angst um Ihre Fotos zu haben. Der Text erscheint nur in der Dia-Show. Ihre Fotos bleiben unverändert. In diesem Beispiel werden in der Dia-Show der komplette Dateipfad, Dateiname und Dateiindex (Foto x von y) angezeigt. Manchmal werde ich gefragt, ob ich jemandem ein Foto aus einer Dia-Show geben kann. Dann notiere ich mir den Namen der Datei und kann sie so leicht heraussuchen und z.B. auf eine CD brennen. Wenn Sie aber partout keinen Text in Ihrer Dia-Show haben wollen, entfernen Sie einfach das Häkchen vor **Text anzeigen** mit einem Mausklick.

Wenn Sie wollten, könnten Sie jetzt schon Ihre Dia-Show speichern und dann abspielen. Trotzdem sollten wir uns vorher noch eine Schaltfläche und deren Funktionen ansehen.

Klicken Sie doch mal auf die Schaltfläche **Vollbild-Optionen**. Ein Klick darauf öffnet folgendes Fenster:

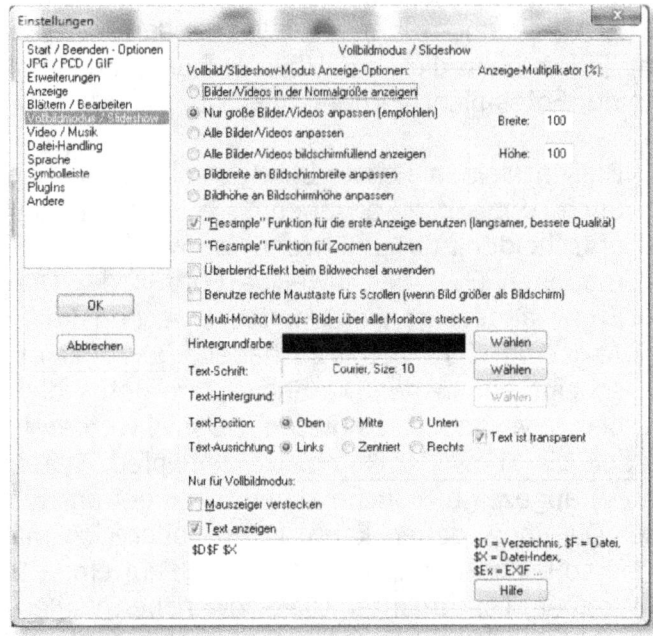

In diesem Fenster finden Sie links eine Optionenübersicht. Klicken Sie dort bitte einmal auf **Vollbildmodus/ Slideshow**. Hier können Sie das Anzeigeverhalten Ihrer Dia-Show festlegen.

Alle **Bilder/Videos bildschirmfüllend anzeigen** funktioniert prima, wenn alle Fotos die gleiche Auflösung haben. Wenn Sie aber schon Fotos dabei haben, die Sie z.B. um 90° gedreht haben, werden diese verzerrt dargestellt. Das Gleiche passiert, wenn Sie Fotos mit unterschiedlichen Auflösungen verwenden, deren Proportionen nicht exakt aufeinander abgestimmt sind. In solchen Fällen wäre es ratsam, die Option **Bilder/Videos in der Normalgröße anzuzeigen** auszuwählen. Was dabei am Besten ist, kann individuell sehr verschieden sein. Probieren Sie es einfach mal aus. Auch die Textfarbe, -Textgröße und Position in der Dia-Show lässt sich hier ganz einfach festlegen.

Ich empfehle immer das Abspielen der Dia-Show im Vollbildmodus. Wenn ich Fotos sehen will, will ich Fotos sehen und nicht noch irgendwelche Windows-Bestandteile. Aber die Geschmäcker sind ja verschieden. Wichtig ist in diesem Fenster auch der Punkt **Start-/Beenden-Optionen**.

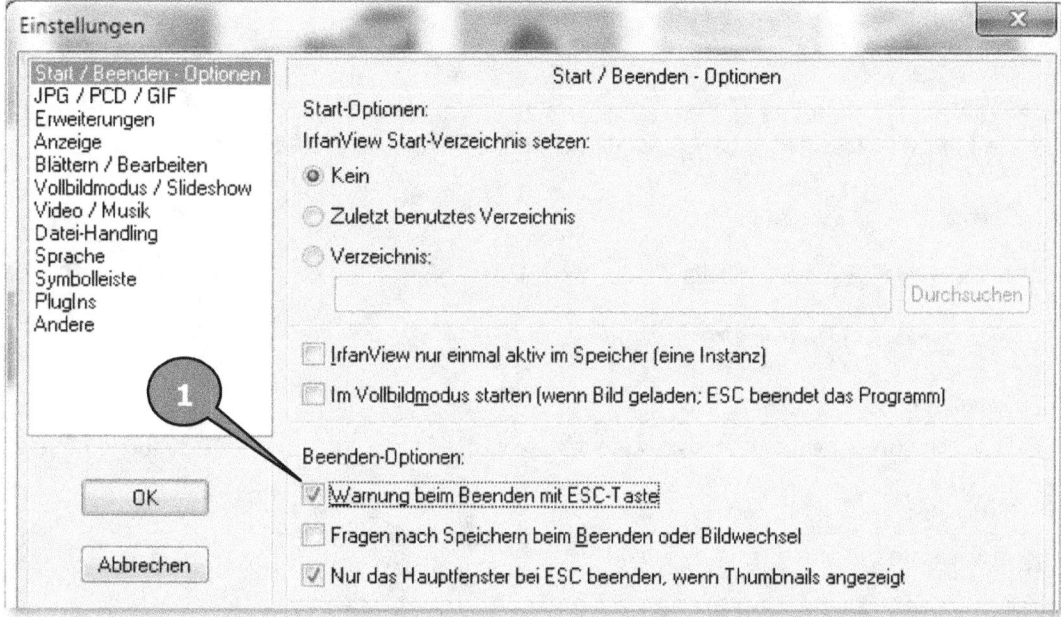

Wenn ich die Dia-Show beenden will, muss ich lediglich die **ESC**-Taste (Escape) drücken. Die **ESC**-Taste befindet sich ganz links oben auf Ihrer Tastatur. Mit der **ESC**-Taste können Sie die Dia-Show übrigens jederzeit abbrechen. Sie sollten vielleicht ein Häkchen bei dem Befehl **Warnung beim Beenden mit ESC-Taste** (Pfeil 1) setzen. Wenn Sie mal versehentlich an die ESC-Taste kommen, würde erst noch ein Warnhinweis erscheinen. Erst wenn Sie diesen bestätigen, wird dann die Dia-Show beendet.

Speichern der Dia-Show

So. Jetzt können Sie Ihre Dia-Show aber endlich speichern. Dazu klicken Sie einfach auf

Speichern als EXE/SCR

In dem sich öffnenden Fenster können Sie festlegen, wie die Dia-Show gespeichert werden soll.

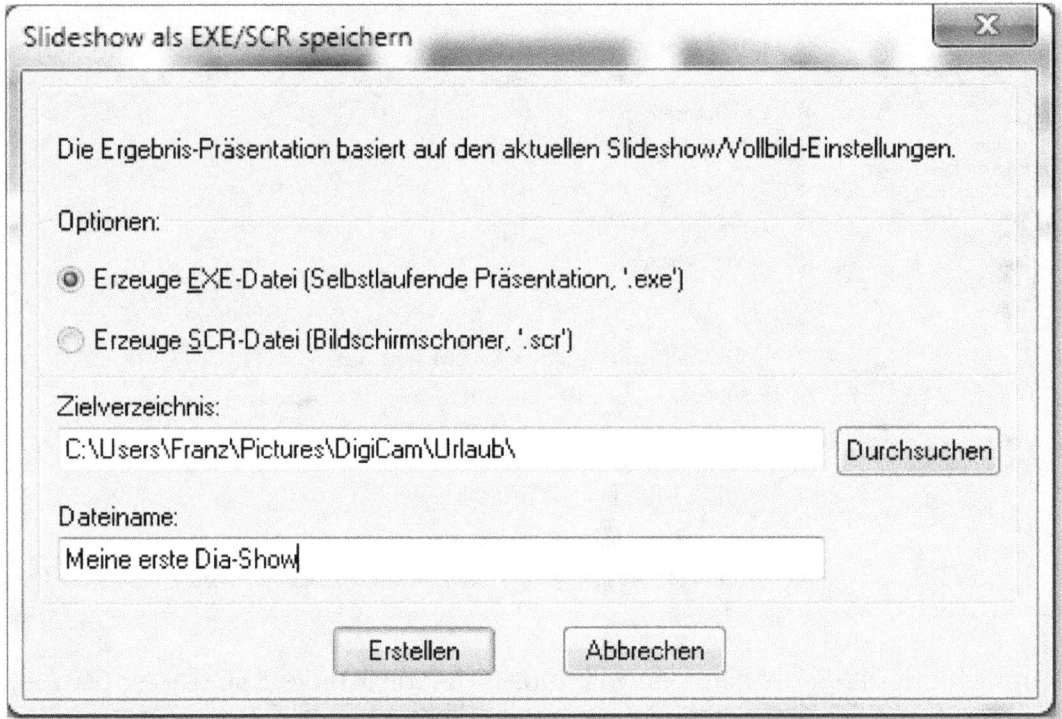

Sie möchten die Dia-Show als **Selbstlaufende Präsentation** haben. Das ist auch schon so voreingestellt.

Weiter unten können Sie ein **Zielverzeichnis** und einen **Dateinamen** auswählen.

Jetzt müssen Sie nur noch auf **Erstellen** klicken und in wenigen Sekunden ist Ihre Dia-Show fertig.

Die fertige Dia-Show können Sie jetzt so wie sie ist z.B. auf CD brennen oder auf einem USB-Stick überall hin mitnehmen und auf einem beliebigen PC unter Windows (ab Windows 98) abspielen. Da muss ein fremder PC-Besitzer auch keine Angst haben. Beim Starten der Dia-Show werden keine Einträge in der Registry vorgenommen oder sonst irgendwelche Manipulationen an Windows durchgeführt. Nach dem Beenden der Dia-Show ist sie wieder vollständig aus dem System verschwunden.

Starten und Steuern der Dia-Show

Um die Dia-Show zu starten, müssen Sie jetzt nur noch einen Doppelklick auf die entsprechende Datei ausführen und schon geht's los. Wenn Sie sich vorhin entschieden hatten die Dia-Show mit der Maus zu steuern, dann können Sie mit jedem rechten Mausklick ein Foto vorwärts gehen und mit jedem linken Mausklick wieder ein Foto zurück gehen.

Hintergrundmusik für die Dia-Show

Sie haben es wahrscheinlich schon geahnt ... Damit geben wir uns noch nicht zufrieden. Warum sollten wir die Hintergrundmusik von einem CD-Spieler separat einspielen, wenn so ein PC doch so ein tolles Multimedia-Werkzeug ist. Der PC soll für uns gefälligst die ganze Arbeit auf einmal erledigen. **IrfanView** kann Musik im so genannten MP3-Format abspielen. Ihre CDs sind üblicherweise aber in einem anderen Format. Es gibt aber zahllose Musikstücke, die schon als MP3 daher kommen. Und wenn Sie nicht das Passende finden, sehen sie sich doch einmal das Programm CDex an. Mit CDex können die Songs von einer Standard-Musik-CD in das MP3-Format umgewandelt werden. Für unser Beispiel greifen wir auf eine MP3-Musikdatei zurück, die sich schon auf ihrem Windows-Rechner befindet, sofern sie Windows 7 besitzen.

Bleiben Sie einfach in Ihrer in **IrfanView** geöffneten Dia-Show. Um ein Musikstück im MP3-Format finden und einbauen zu können, müssen Sie zunächst die Anzeige für den Dateityp ändern. Voreingestellt ist eine Anzeige der häufig verwendeten Bilddateitypen. Um den Dateityp zu ändern, klicken Sie hinter dem Feld **Dateityp** (Pfeil 1) auf den kleinen Pfeil und wählen **MP3 – MPEG-Audio-Dateien** (Pfeil 2).

Digitalkamera und dann? - Windows 7

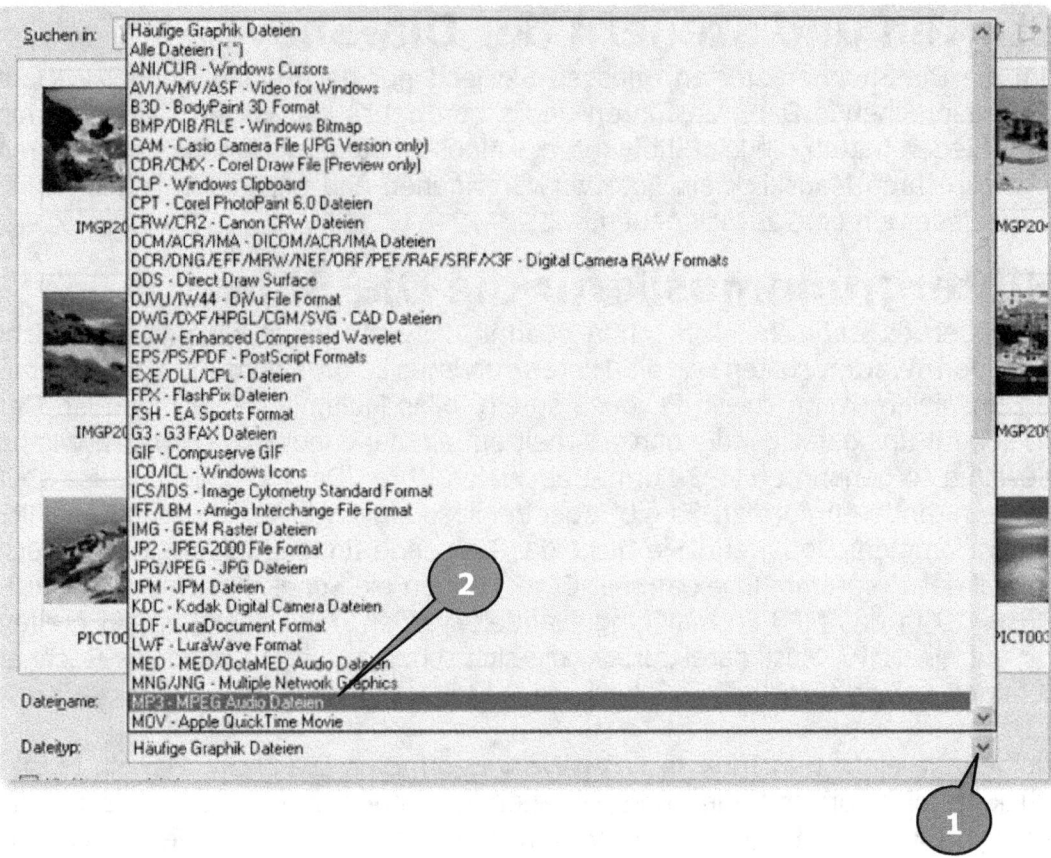

Jetzt werden im Datei-Manager nur noch MP3-Dateien angezeigt. Das macht das Auffinden von Musikstücken deutlich einfacher, sofern man kein gutes Ordnungssystem hat. Im Ordner **Bibliotheken/Musik/Beispielmusik** finden Sie einige Musikstücke, die zusammen mit Windows installiert wurden.

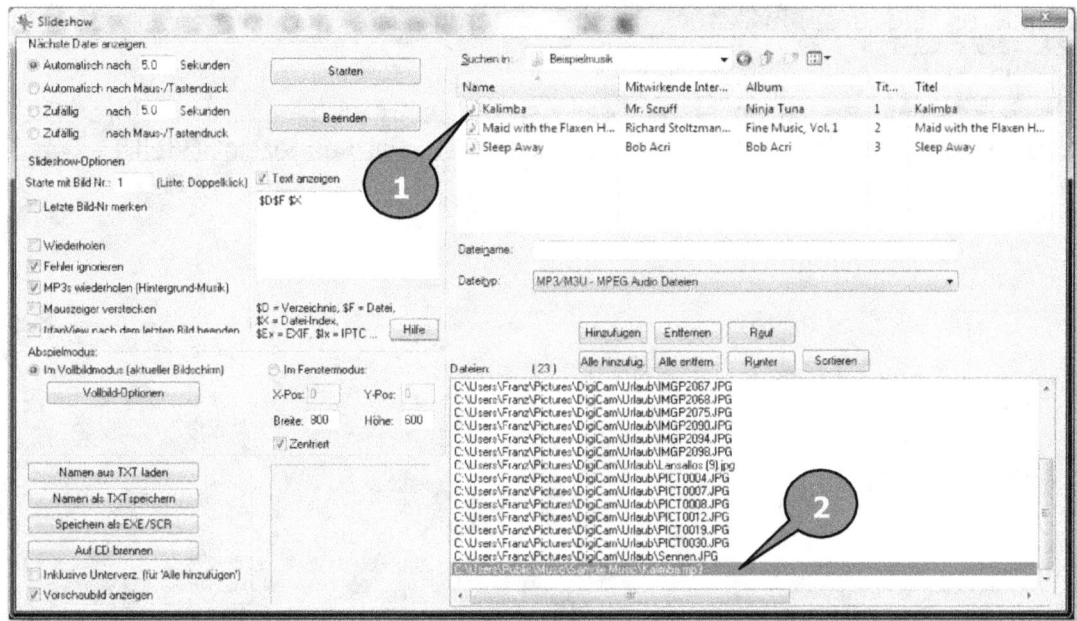

Markieren Sie das gewünschte Musikstück (Pfeil 1) und klicken Sie auf

oder ziehen Sie das Musikstück einfach mit gedrückter, linker Maustaste in die Tabelle, in der sich schon Ihre Bilder befinden (Pfeil 2). Egal, wo Sie das Musikstück versuchen abzulegen, **IrvanView** wird es ans Ende der Diashow legen, um Ihre vorher hergestellte Ordnung beizubehalten. Das ist natürlich anders, wenn Sie das Musikstück als erstes in die Dia-Show ziehen würden. In unserem Beispiel liegt das Musikstück jetzt aber am Ende und da können wir es genau genommen nicht gebrauchen. Die Musik soll ja nicht erst spielen, wenn das letzte Foto angezeigt wurde.

Wie man sich aus der eigenen CD-Sammlung geeignete Musikstücke als Hintergrundmusik für eine Dia-Show extrahiert, können Sie im Kapitel **CDex** nachlesen. Das ist alles ziemlich einfach zu machen.
Im Ordner **Bibliotheken/Musik/Beispielmusik** finden Sie einige Songs, die bei Windows 7 schon mitgeliefert werden. Zum ausprobieren sollte das erst einmal genügen.

Markieren Sie das Musikstück in der unteren Liste und klicken so oft auf **Rauf**, bis es an erster Stelle steht. Dann wird nämlich in Ihrer Dia-Show erst die Musik gestartet und dann das erste Foto angezeigt (Pfeil 1).

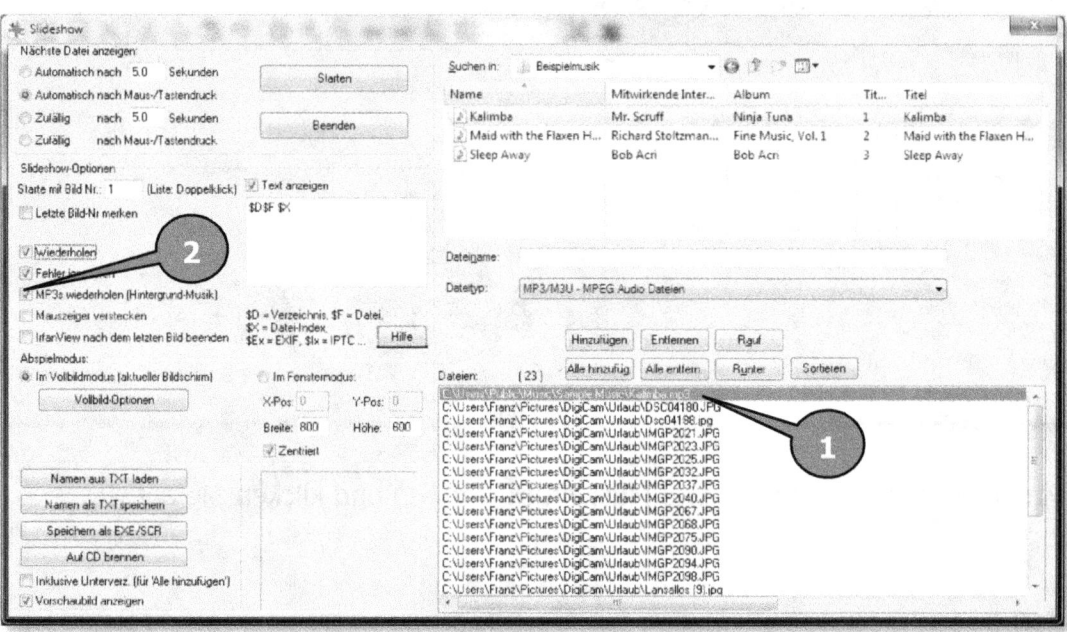

Man könnte zwar mitten in der Dia-Show weitere Musikstücke platzieren, davon würde ich aber eher abraten. Das Ende des ersten Stückes genau zu treffen ist äußerst schwierig. Daher könnte die Musikuntermalung sehr abgehackt klingen, wenn das erste Stück an einer sehr ungünstigen Stelle unterbrochen wird. Besser ist es da, unter den Optionen, ein Häkchen bei **MP3s wiederholen (Hintergrund-Musik)** (Pfeile 2 & 3) zu setzen. Dann haben Sie, egal wie lange die Dia-Show dauert, immer die gleiche Hintergrundmusik.

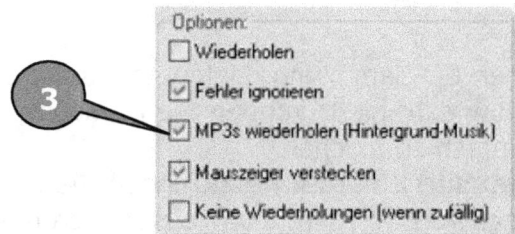

Jetzt können Sie Ihre Dia-Show wieder mit der bekannten Methode speichern und anschließend abspielen. **IrfanView** bettet alle Dateien wie Fotos, Musik und auch Fonts (Zeichensätze) in die Dia-Show ein. D.h. Sie müssen keine zusätzlichen Dateien kopieren, um Ihre Dia-Show auf einem anderen Windows-PC abzuspielen. Der Nachteil ist, dass die Dateien sehr groß werden. Die 22 Fotos sind durchschnittlich ca. 1,8MB groß, das Musikstück ca. 0,7MB und die komplette Dia-Show bringt es dann auf ca. 50MByte. Wenn Sie so große Fotos verwenden, sollten Sie also nicht mehr als 20-30 Fotos in einer Dia-Show zeigen. Sie können ja beliebig viele Dia-Shows erzeugen, wenn Sie mehr Fotos zeigen wollen.

Die Dia-Show können Sie jetzt über den Windows-Explorer, in Ihrem Zielverzeichnis mit einem Doppelklick auf das Piktogramm starten.

Bildgröße ändern

Moderne Digital-Kameras liefern Fotos von enormer Detailgenauigkeit. D.h. deren Auflösung ist sehr hoch. Sie ist so hoch, dass man davon große Poster in ausgezeichneter Qualität drucken lassen kann. Für einen Ausdruck in geringerer Größe ist aber auch schon eine kleinere Auflösung völlig ausreichend. Folgende Faustregeln bezüglich der Auflösungen kann man anwenden:

Format ca. 9x13 cm – ca. 1024x768 Pixel - ca. 1 MegaPixel
Format ca. 10x15 cm – ca. 1280x1024 Pixel - ca. 2 MegaPixel
Format ca. 13x18 cm – ca. 1280x1024 Pixel - ca. 2 MegaPixel
Format ca. 20x30 cm – ca. 1440x1280 Pixel - ca. 2 MegaPixel
Format ca. 30x45 cm – ca. 1600x1400 Pixel - ca. 3 MegaPixel
Format ca. 50x75 cm – ca. 1600x1400 Pixel - ca. 5 MegaPixel oder mehr

Auch die Anwendung kann ein Entscheidungskriterium für die Auflösung sein. Wollen Sie eine Foto-CD erstellen, die nur auf dem DVD-Spieler am Fernseher abgespielt wird, dann reicht eine Auflösung von 800x600 Pixel aus. Unsere Fernseh-Norm (PAL) verfügt nur über 625 Zeilen. Davon sind sogar nur ca. 580 Zeilen sichtbar. Diese werden sogar noch im so genannten Zeilensprungverfahren angezeigt, d.h. in einem Bild nur die ungeraden Zeilen (1,3,5 ... 135,137...) und im nächsten nur die geraden Zeilen (2,4,6 ... 136,138...). Sie können die JPG-Qualität dabei getrost auf 40-50% reduzieren. Das Foto wird für den Fernseher immer noch völlig ausreichend sein. Solche Fotos sind oft nur noch 30-50KByte groß. Sie können sich also ausrechnen, wie viele man davon auf eine CD (650MByte~13000) oder DVD (4,7GB~117.500) bekommt. Wenn Sie Fotos per Email versenden wollen, schaffen Sie sich Freunde, wenn Sie die Auflösung auf ca. 1024x768 Pixel reduzieren. Davon können Sie dann auch mal ungestraft 10 Fotos in eine Mail packen.

Um mit **IrfanView** die Größe eines Fotos zu ändern, klicken Sie bitte auf Bild und dann auf Größe ändern... Strg+R.
Darauf öffnet sich folgendes Fenster:

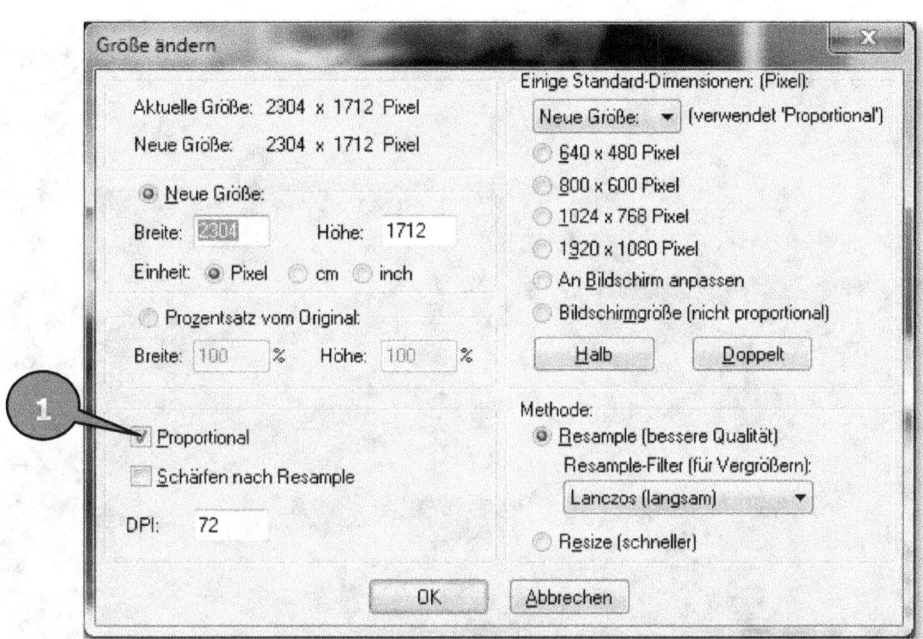

Auf der rechten Seite des Fensters können Sie diverse Standard-Einstellungen vornehmen, wie sie bei PCs als Standard-Bildschirmauflösungen üblich sind. Oft passen die Fotos aber von der Auflösung her nicht exakt proportional in diese Maße hinein. Bei einer Landschaftsaufnahme werden Sie das möglicherweise nicht erkennen. Wenn Sie aber Personen oder Gegenstände sehen, die Sie gut kennen, werden Sie proportionale Fehler von wenigen Pixeln sehen. Daher ist es besser, auf der linken Seite des Fensters, die Größen von Hand einzugeben. Ist bei dem Feld **Proportional** (Pfeil 1) ein Häkchen gesetzt, dann brauchen Sie bei Neue Größe lediglich einen Wert zu ändern. Ändern Sie z.B. die Breite von Hand, ändert sich proportional dazu automatisch die Höhe. Vergessen Sie bitte nicht, dass Sie danach die geänderte Bilddatei noch speichern müssen. Beim Speichern können Sie sogar noch die Qualität und damit die Dateigröße dramatisch beeinflussen.

Dazu ein Beispiel: Das folgende Foto hat im Original eine Größe von 2304x1712 Pixel (Pfeil 1). Davon kann man prima Poster machen lassen.

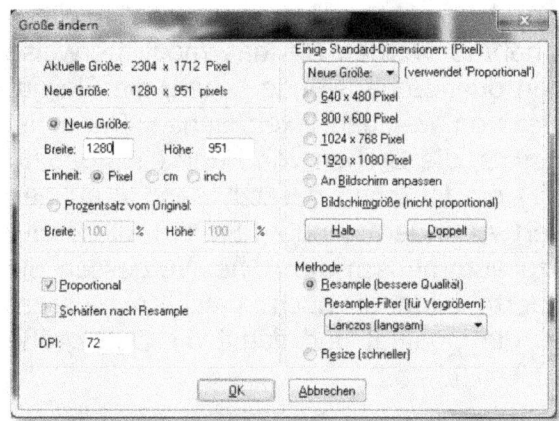

Möchten Sie aber nur einen ca. 10x15cm großen Abzug davon haben, reicht eine Größe von ca. 1280x1024 Pixel völlig aus. Achten Sie darauf, dass das Häkchen bei Proportional gesetzt ist. Ändern Sie die Breite auf 1280. **Irfan-View** berechnet die Höhe automatisch auf 951 Pixel. Aha. Werden Sie sagen. 951 ist doch nicht 1024. Sehr gut beobachtet. Fotos entsprechen nämlich fast nie der exakten Geometrie, die uns ein PC gerne vorgeben möchte. Nur meine allererste Digitalkamera machte Fotos, die der exakten Größe 800x600 Pixel entsprechen. Alle anderen Kameras, die ich seitdem besessen habe, hatten immer leicht abweichende Werte. Das bedeutet ja nicht, dass die Kamera asymmetrische Fotos macht. Sie entsprechen halt nicht pixelgenau einer PC-Auflösung. Ein anderer Grund für eine Asymmetrie wäre, wenn Sie z.B. ein Foto zugeschnitten haben. Nehmen Sie das Beispielfoto mit dem schiefen Horizont. Dort haben Sie auch was weggeschnitten. Ich erwähne das, weil ich in Kursen schon oft danach gefragt wurde. Die perfekte Symmetrie zur Bildschirmauflösung Ihres PCs ist ziemlicher Quatsch. Bedenken Sie, dass jedes Programm irgendwelche Fensterränder hat, die auch noch bei jedem Programm unterschiedlich groß sein können. Und dann gibt es ja auch noch die Taskleiste, die Ihnen immer ein paar Pixel abnimmt. Wenn Sie das Beispielfoto auf exakte 1280x1024 Pixel ändern würden, würden die Proportionen nicht mehr stimmen. Bei einem solchen Foto würden Sie das vielleicht nicht merken. Wenn Sie das aber mit einem Portraitfoto einer gut bekannten Person machen, würden Sie immer sehen, dass mit dem Foto etwas nicht stimmt. Ich war ja schon mal in der Versuchung, mich mit solchen Tricks auf Fotos schlanker zu machen ☺.

Links unten sehen Sie jetzt die neue Größe des Fotos (Pfeil 1).

Digitalkamera und dann? - Windows 7

Klicken Sie auf **OK** um die Größenänderung zu übernehmen. Speichern Sie das Foto jetzt ab. Dazu klicken Sie auf **Datei/Speichern unter...**

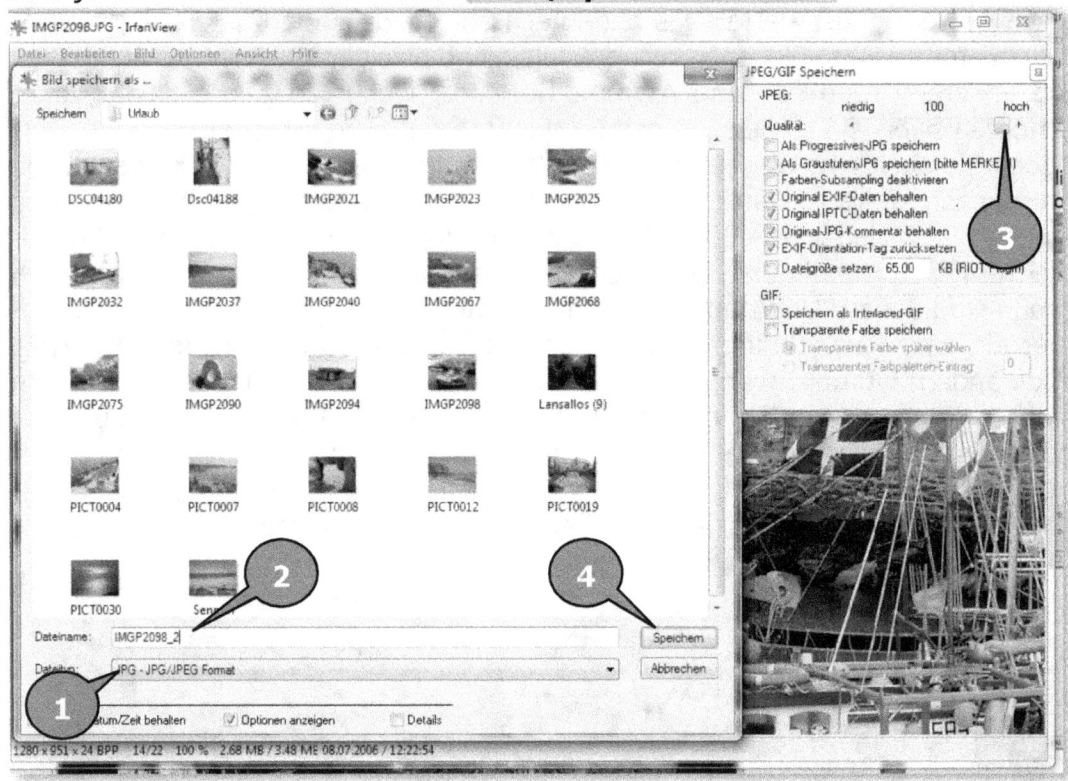

Wählen Sie als Zielordner den gleichen Ordner aus, aus dem Sie das Originalbild geöffnet haben. Wir wollen uns gleich mal die Größenverhältnisse in KByte ansehen. Achten Sie darauf, dass als Dateityp JPG (Pfeil 1) ausgewählt ist. Hängen Sie an den Dateinamen einen Index an (hier _2, Pfeil 2). Achten Sie darauf, dass der Schieberegler für die JPG-Qualität (Pfeil 3) auf 100% steht. Klicken Sie dann auf die Schaltfläche **Speichern** (Pfeil 4). Speichern Sie die Datei jetzt noch einmal. Diesmal ändern Sie den Index hinter dem Dateinamen auf _3 und den Schieberegler für die JPG-Qualität schieben Sie, mit gedrückter linker Maustaste, auf 40% (Pfeil 3). Wenn Sie das gemacht haben, klicken Sie auf die Schaltfläche **Speichern**. Starten Sie den Windows-Explorer, gehen Sie in den richtigen Ordner und sehen Sie sich mal an, was da rausgekommen ist. Stellen Sie die Ansichts-

form auf **Details**. Eine erstaunliche Größenreduktion. Das Foto mit 40% Qualität ist nur noch 180KByte Groß (Pfeil 1). Es ist immer noch geeignet einen Farbabzug von 12x15cm zu drucken und was besonders wichtig ist. Man kann auch mal ohne Probleme 10 Stück davon in eine Email packen.

Rote Augen Reduktion

Ein leidiger Effekt. Trotz Digitalkamera mit Vorblitz und Portraitprogramm haben die Menschen auf vielen Fotos rote Augen. Das sieht nicht sonderlich natürlich aus ☺. Mit **IrfanView** lässt sich das mit wenigen Handgriffen erledigen. Sie dürfen dabei nur nicht ungeduldig werden und erst recht keinen nervösen Zeigefinger haben. Ich liebe diesen Satz mit dem Zeigefinger!

Auf dem Beispielfoto sieht man deutlich, was passiert ist. Ich mag das Foto meiner beiden Töchter. Aber nur ohne die roten Augen. Um das zu korrigieren, sollten Sie sich ein Auge erst einmal mit der ⊕-Lupe (Pfeil 1) deutlich vergrößern.

Bewegen Sie den Mauszeiger knapp links über den roten Fleck im Auge. Halten Sie jetzt die linke Maustaste gedrückt und ziehen Sie ein Rechteck über den roten Fleck (Pfeil 2). Wenn Ihnen das nicht auf Anhieb gelingt, haben Sie zwei Möglichkeiten. Irgendwo außerhalb des Rechtecks einmal mit der linken Maustaste in das Foto zu klicken, entfernt das Rechteck wieder. Sie müssen dann ein neues Rechteck aufziehen. Sie können aber auch jeweils eine der Linien des Rechtecks mit der Maus anfahren, und damit meine ich **ganz genau anfahren**, und diese dann mit gedrückter linker Maustaste verschieben. Die Linien müssen Sie sehr präzise treffen. Wenn Sie auch nur ein Pixel daneben klicken, z.B. in das Rechteck, weil Ihre Hand gezuckt hat, wird das Foto aufgezoomt. Und das auf den Inhalt des Rechtecks. So groß brauchen Sie das Auge nicht ☺.

Digitalkamera und dann? - Für Windows 7

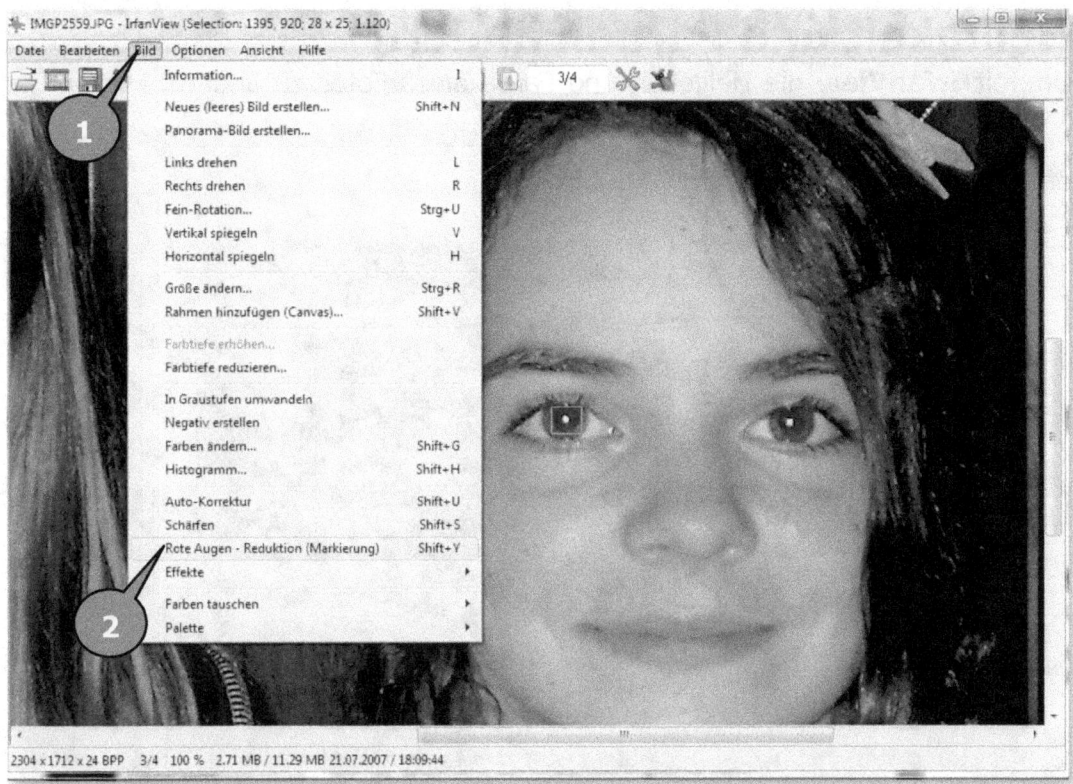

Wenn das Rechteck einigermaßen präzise positioniert ist, klicken Sie auf **Bild/Rote Augen-Reduktion** (Pfeil 1&2) oder einfach die Tastenkombination **Shift-Y**. Mit den Scrollbalken, unten und rechts am Bildrand, können Sie sich ein Auge nach dem Anderen in Ihren Arbeitsbereich holen und so alle roten Augen reduzieren. Vergessen Sie nicht das Foto noch zu speichern. Ich finde, das Ergebnis kann sich sehen lassen.

Helligkeit und Farben ändern

Um mit **IrfanView** die Helligkeit und Farbe eines Fotos zu ändern, klicken Sie bitte auf Bild und dann auf Farben ändern... Shift+G . Darauf öffnet sich folgendes Fenster:

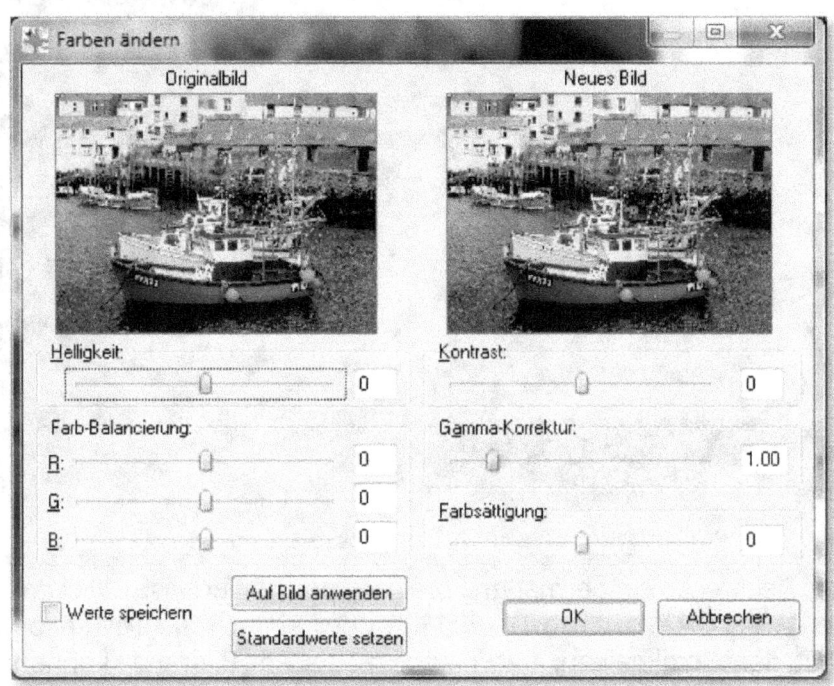

Hier können Sie nach Herzenslust Schieberegler für Helligkeit, Kontrast und die drei Grundfarben rot, grün und blau (r-g-b) ändern und an Ihren subjektiven Geschmack anpassen. Wenn Sie z.B. blaustichige Aufnahmen haben, deren Blaustich durch Neonlicht verursacht wurde, bewegen Sie den **B:-Regler** einfach langsam nach links, bis Sie den Eindruck haben, dass weiße Flächen wieder richtig weiß sind. Jede Änderung sehen zunächst in dem rechten Vorschaubild, bevor Sie sie auf das Originalfoto anwenden.

IrfanView verfügt seit der Version 3.99 über eine sehr leistungsstarke Autokorrekturfunktion. Sie ist so gut, dass ich persönlich seitdem nur noch selten versucht habe Farben und Helligkeit manuell anzupassen. Probieren Sie es einfach mal aus. Klicken Sie auf Bild und dann auf Auto-Korrektur Shift+U .

Fotos drehen

Um ein Foto mit **IrfanView** zu drehen, gibt es verschiedene Methoden. Wenn Sie ein Foto gegen den Uhrzeigersinn, also um 90° nach links drehen wollen, drücken Sie einfach einmal kurz die Taste **L** auf der Tastatur. Wenn Sie ein Foto im Uhrzeigersinn um 90° nach rechts drehen wollen, drücken Sie einfach kurz auf die Taste **R** auf der Tastatur.

Manchmal ist ein Foto aber auch nur etwas schief. An unserem Beispielbild können Sie sehen, dass der Horizont nicht gerade ist, sondern leicht nach links geneigt. Das Meer läuft aus ☺.

Ich weiß ja nicht wie es Ihnen geht, aber mich stört das. Deshalb wollen wir auch hier korrigierend eingreifen. Bei **IrfanView** nennt sich das **Feinrotation**. Eine Funktion, die übrigens oft in teuren Programmen fehlt.

Um die Feinrotation zu starten, klicken Sie bitte auf Bild und dann auf Fein-Rotation... . Das nachfolgende Fenster öffnet sich:

Sie können in dem Feld **Angle:** einen Winkel von -360° bis +360° angeben. Und das auch noch in Zehntelgrad-Schritten. Da sollte jeder Winkel dabei sein, den man benötigen kann ☺. In unserem Beispiel erzielen wir mit einem Winkel von ca. 2,5° das beste Ergebnis. **Achten Sie darauf, dass Sie bei Dezimalwerten einen Punkt und kein Komma verwenden.**

Wie Sie sehen, ist das Foto jetzt zwar gedreht und der Horizont ist wieder geradegerückt aber Sie haben jetzt störende schwarze Flächen um das Foto. Sie müssen nun das Foto zuschneiden und werden dabei Bildinformationen verlieren. In unserem Beispiel wird sich der Verlust aber in verschmerzbaren Grenzen halten. Um nun den Zuschnitt machen zu können, ziehen Sie mit gedrückter linker Maustaste ein Rechteck über das Foto. Dabei müssen Sie nicht einmal besonders genau arbeiten, weil Sie die Außenlinien des Rechtecks nachträglich noch verschieben können.

Wenn Sie nun diese Linien genau mit der Maus anfahren, sehen Sie, dass sich der Mauszeiger zu einem Doppelpfeil verändert. Jetzt können Sie mit gedrückter linker Maustaste die Linien so verschieben, dass das Rechteck im Endergebnis nur noch exakt über dem Foto liegt. Achten Sie darauf, nicht versehentlich mal in das Rechteck zu klicken, dann passieren furchtbare Dinge ☺. Den Zeigefinger immer schön unter Kontrolle halten!

Digitalkamera und dann? - Windows 7

Wenn Sie das erledigt haben, müssen Sie nur noch auf `Bearbeiten` und dann auf `Freistellen` `Strg+Y` klicken und haben ein sauberes, gerades Foto. Vergessen Sie bitte nicht zu speichern!

Fotos drehen noch leichter gemacht

Mit dem Erscheinen der Version 4.10 von **IrfanView** kommt eine neue und wesentlich komfortablere Methode dazu um Fotos zu drehen. Sie müssen nicht mehr mit Winkelmaßen herum experimentieren, sondern können sich einfach auf Ihren gesunden Menschenverstand und Ihr Auge verlassen. Im Foto sollte irgendwo eine Struktur sein, von der Sie zweifelsfrei wissen, dass sie horizontal ausgerichtet sein muss. In unserem Beispiel ist das schon bekannte Foto mit dem schiefen Horizont ideal geeignet. Um die neue Feinrotationsfunktion aufzurufen, klicken Sie auf **Bearbeiten/Zeichendialog anzeigen**.

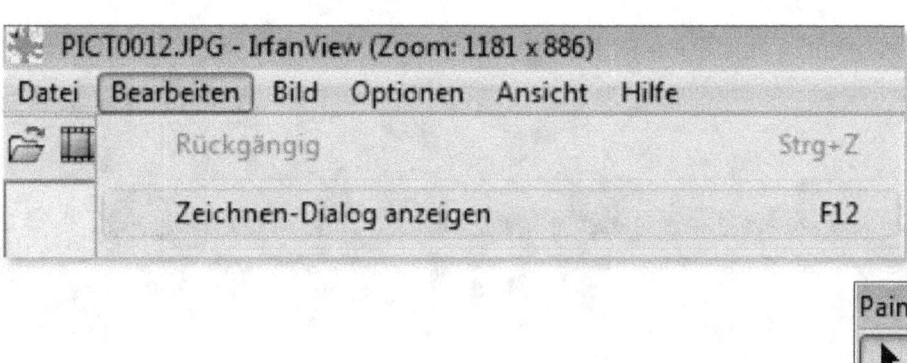

Es erscheint dieses kleine Werkzeugfenster.

Klicken Sie auf das Rotationssymbol.

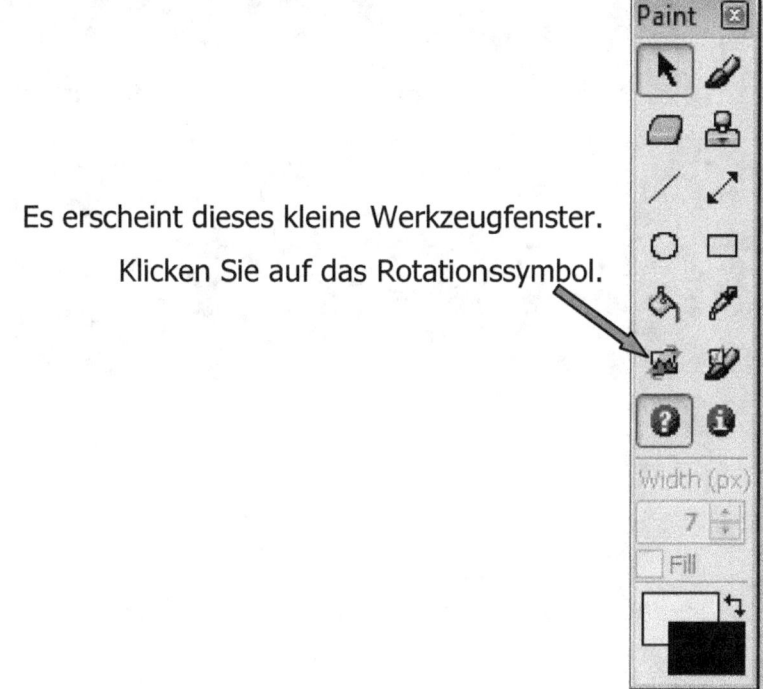

Ab jetzt dürfen Sie keinen nervösen Zeigefinger mehr haben ☺. Suchen Sie eine Struktur, von der Sie wissen, dass sie horizontal liegen muss. In unserem Beispielfoto ist das der Horizont. Klicken Sie mit der linken Maustaste auf einen Punkt dieser Achse, der möglichst weit links liegt. Gehen Sie mit dem Mauszeiger auf einen Punkt dieser Achse, der möglichst weit rechts liegt. Dabei können Sie sehen, wie eine dünne Linie Ihrem Mauszeiger folgt. Lassen Sie jetzt die linke Maustaste los. Das Foto wird sofort um diese Achse gedreht. Jetzt müssen Sie es nur, wie weiter oben beschrieben, zuschneiden und freistellen. Klicken Sie dazu zunächst auf dieses Symbol in der Werkzeugleiste, da sonst bei jedem Klick eine neue Rotationsachse erzeugt wird.

Vorher: Die dünne Rotationsachse ist auf dem Horizont sichtbar.

Nachher: Das Foto wurde um die Rotationsachse gedreht.

Retusche mit IrfanView

Es ist kaum zu glauben, aber ein kostenloses Programm kann auch sehr komfortabel retuschieren. Das ist eine Möglichkeit, kleine Fehler in Fotos zu korrigieren, die bisher nur teuren Grafikprogrammen vorbehalten war. Man bezeichnet diese Funktion auch als Klonen, weil dabei ein Bildpunkt auf einen anderen kopiert wird. Als Beispiel soll uns wieder das Foto mit dem schiefen Horizont dienen. Es ist eine, wie ich finde, schöne Landschaftsaufnahme, bei der nur die Leute am Strand etwas stören ☺. Also radieren wir die aus. Auch hier kommt wieder unser kleines Werkzeugfenster **Zeichendialog** zum Einsatz.

Diesmal klicken Sie auf das Stempelsymbol.

Der Mauszeiger verändert sich zunächst zu einer Art Parkverbotsschild. Das aber nur, weil Sie ja noch nicht angeklickt haben, was Sie verändern wollen.
Stellen Sie zunächst die Pinselgröße in der Werkzeugleiste ein. Für unser Foto ist eine Pinselgröße von 7px ideal.

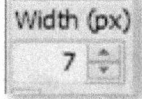

Jetzt sehen wir uns mal die erste Person an. Wir können prima ein Stück Meer dahin kopieren, wo diese Person ist. Wenn Sie **IrfanView 4.1x** verwenden, klicken Sie bei gedrückter **Strg**-Taste zunächst einmal auf den Punkt im Meer, den Sie als Startpunkt festlegen wollen. Halten Sie die **Strg**-Taste gedrückt und wandern Sie zum ersten Punkt, den Sie retuschieren wollen und klicken Sie erneut auf die linke Maustaste. Sie können die **Strg**-Taste jetzt loslassen. Wenn Sie die Maus bewegen, sehen Sie, dass dem Mausfadenkreuz ein zweites Fadenkreuz (um 45° gedreht) folgt. Sie können jetzt erkennen, welcher Punkt denn wohin kopiert wird. Um den Retuschevorgang zu starten, gehen Sie mit dem Mauszeiger an das zu retuschierende Objekt, halten die linke Maustaste gedrückt und bewegen den Mauszeiger über das Objekt, bis es verschwunden ist. **Ab der Version 4.2x** von **IrfanView** ist es noch einfacher geworden. Bewegen Sie den Mauszeiger auf die zu klonende Stelle, machen Sie einen kurzen Rechtsklick mit der Maus, bewegen Sie den Mauszeiger auf das zu retuschierende Objekt und schon können Sie es mit gedrückter linker Maustaste auslöschen.

Vorher

Nachher

Wenn man eine Weile rumgeknipst hat, sammeln sich natürlich jede Menge mehr oder weniger schlechte Fotos an. Wie Sie in diesem Buch sehen können, ist das bei mir nicht anders. Wenn Sie die hier gezeigten Fotos mal selber nachbearbeiten wollen, können Sie diese unter der Internetadresse **www.net4web.de/digicam_2.zip** kostenlos herunterladen. Die Datei ist gezippt. Sie muss also noch entpackt werden.

Diashow erstellen mit dem MovieMaker

Sowohl Windows XP wie auch Windows Vista bringen schon ein Programm mit, dass es ermöglicht Videofilme zu schneiden. Das Programm heißt **MovieMaker** und ist ebenso einfach, wie intuitiv zu bedienen. Bei Windows 7 ist das Programm leider nicht mehr im Lieferumfang, kann aber bei Microsoft kostenlos heruntergeladen werden. Gehen Sie dazu auf die Homepage **www.microsoft.de**. Dort gibt es eine Schaltfläche **Downloads und Testversionen**. Klicken Sie darauf. Irgendwo auf der folgenden Internetseite befindet sich ein Sucheingabefeld. Geben Sie dort den Suchbegriff **Movie Maker** ein. Laden Sie die deutsche Version des Movie Maker herunter und installieren Sie ihn. **MovieMaker** kann Fotos, Filme, Musik und Mikrofon-Aufnahmen in einer einzigen Mediadatei kombinieren. Diese Datei können Sie, nach Fertigstellung, mit dem **Windows-Mediaplayer** abspielen oder als Video auf eine CD brennen und dann auf Ihrem heimischen DVD-Spieler abspielen lassen.

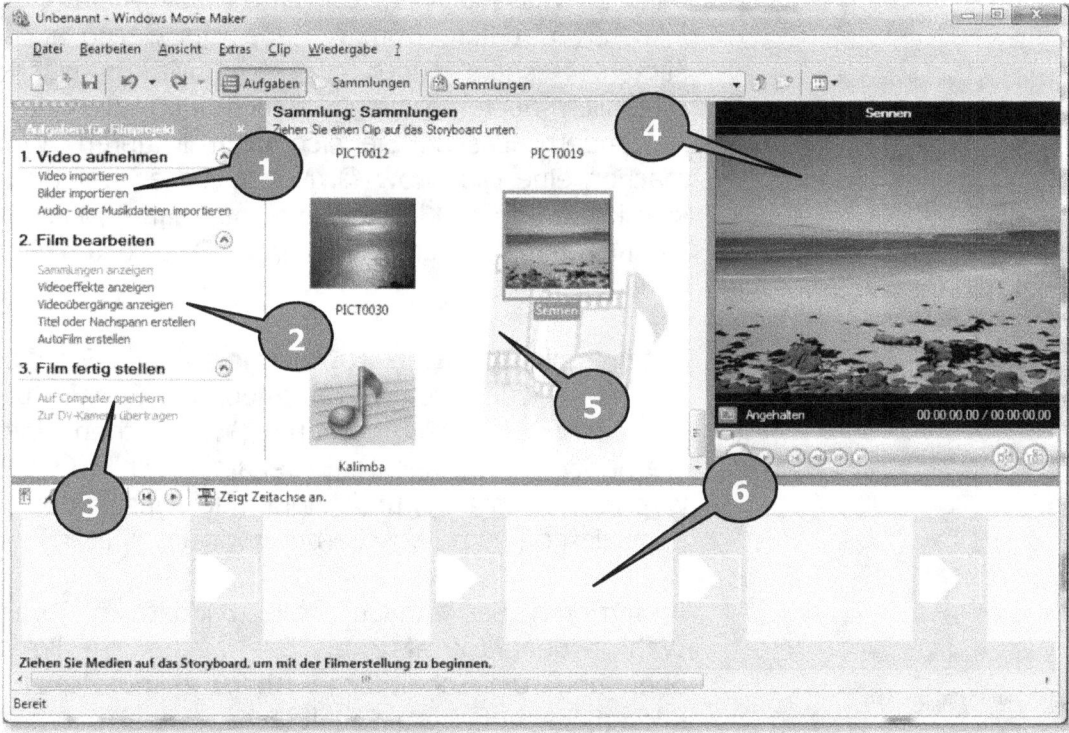

1. Import von Mediendateien
2. Videoeffekte und Titel hinzufügen
3. Fertigen Film speichern
4. Vorschaufenster
5. Importierte Dateien
6. Storyboard des Films

Quasi als Abfallprodukt kann der **MovieMaker** auch fantastische Dia-Shows erstellen. Sie werden eine Dia-Show zusammenstellen, mit Hintergrundmusik versehen, die genauso lang sein wird wie die eigentliche Dia-Show. Diese Dia-Show wird einen Titel haben und zwischen zwei Fotos wird immer ein animierter Bildübergang sein. Klingt kompliziert? Ist es aber nicht.

Kopieren Sie zunächst alle Fotos, die Sie in der Dia-Show haben möchten, in einen dafür angelegten Ordner. Wie Sie das machen, haben Sie ja in dem Kapitel über den Windows-Explorer gelernt.

Bilder importieren

Der **MovieMaker** hat auf der linken Seite eine Befehlsleiste. Sie ist in drei Hauptbereiche aufgeteilt. 1. Video aufnehmen 2. Film bearbeiten 3. Film fertig stellen. Immer wieder der Bezug auf's Filmen. Deshalb findet der **MovieMaker** wahrscheinlich auch so wenig Beachtung unter den Anwendern. Lassen Sie sich nicht irritieren. Wir machen eine Dia-Show ☺. Neben diesen Befehlen sind kleine Pfeile. Klicken Sie einmal darauf, klappt ein Menü mit Unterbefehlen auf. Das sollten Sie jetzt mal für alle 3 Befehle machen.

Unter Punkt 1. **Video aufnehmen** finden Sie die Befehle: Video von Gerät importieren (Nur für CamCorder), Video importieren (Wir machen eine Dia-Show ohne Videos!), Bilder importieren (Jetzt wird es interessant!) und Audio- oder Musikdateien importieren (Damit beschäftigen wir uns später.)

Importieren Sie zunächst alle Bilddateien Ihrer Wahl in den **MovieMaker**. Das machen Sie links oben über die Schaltfläche **Bilder importieren**. Klicken Sie auf diese Schaltfläche einmal mit der linken Maustaste, öffnet sich folgendes Fenster:

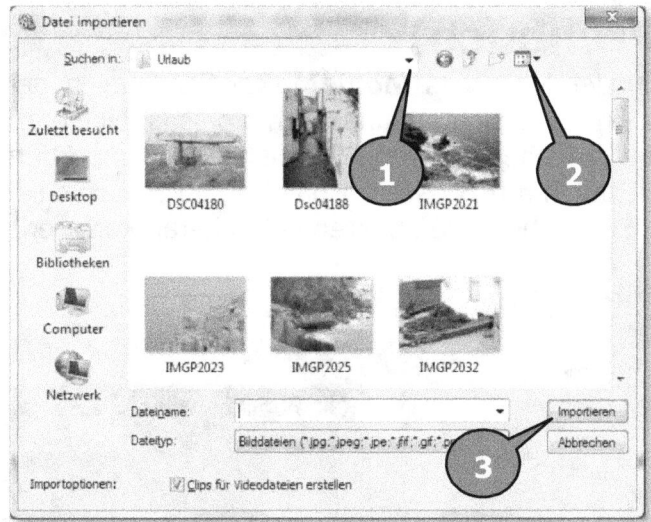

Dieses Dateiauswahlfenster kennen Sie auch aus anderen Anwendungen, in denen man irgend-etwas öffnen kann. Über den Pfeil (Pfeil 1) hinter dem Feld **Suchen in:** wählen Sie zunächst den Ordner aus, in dem sich die Bilder für Ihre Dia-Show befinden. Mit dem Ansichtssymbol (Pfeil 2) können Sie auswählen, ob Sie z.B. eine **Liste** der Dateien oder die **Große Symbole** sehen wollen. In unserem Beispiel habe ich mich für die mittleren Symbole entschieden. Statt jetzt jedes Foto einzeln zu importieren, machen Sie sich das Leben etwas einfacher. Da ja alle Fotos in diesem Ordner in die Dia-Show sollen, werden Sie auch alle auf einmal importieren. Dazu machen Sie folgendes:

1. Klicken Sie auf irgendeines der Fotos einmal mit der linken Maustaste. Dadurch wird es blau umrandet, also markiert.

2. Drücken Sie auf der Tastatur die Tastenkombination **Strg+a** (Strg festhalten und einmal ganz kurz auf das **a** tippen). Dadurch werden alle Dateien in diesem Ordner auf einen Schlag markiert. Sie sehen das daran, dass jetzt alle Fotos in der Miniaturansicht blau umrandet sind. In der Ansichtsform **Liste** wären jetzt alle Dateinamen blau hinterlegt.

3. Klicken Sie auf die Schaltfläche **Importieren** (Pfeil 3).

Das Storyboard (Drehbuch)

Sie sehen jetzt diese Dateien in der Mitte des **MovieMaker**-Fensters in der Miniaturansicht. Zwischen den Miniaturansichten und dem Vorschaubild ganz rechts erscheint noch ein Scrollbalken (Pfeil 1), wenn Sie mehr Fotos importiert haben, als in der Miniaturansicht auf Ihren Bildschirm passen. Durch verschieben dieses Scrollbalkens können Sie auch an die anderen Fotos heran kommen.

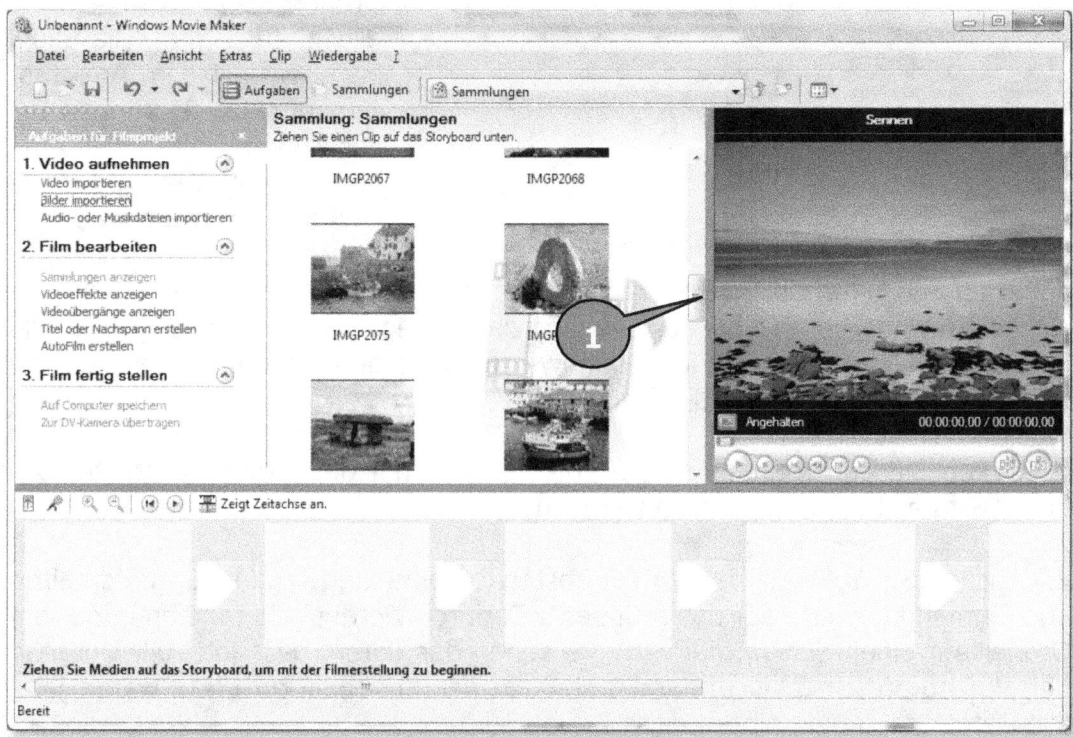

Unten sehen Sie in diesem Fenster eine Leiste mit vielen weißen Rechtecken. Das ist das sogenannte Storyboard. Also so etwas wie ein visuelles Drehbuch. Sollte an dieser Stelle statt des Storyboards die Zeitleiste angezeigt werden, klicken Sie einfach auf die Schaltfläche **Zeigt Storyboard an** (Pfeil 2). Und schon sind Sie da.

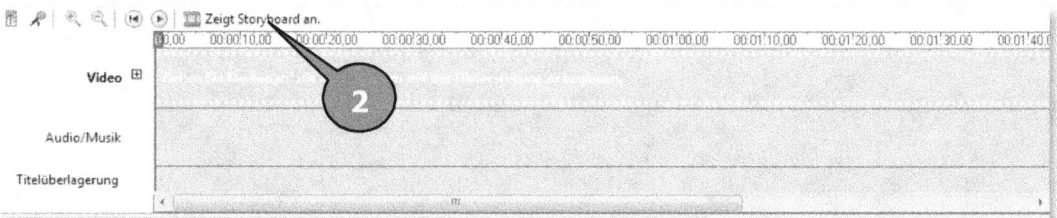

Fotos in das Storyboard einfügen

Die größeren weißen Rechtecke sind für Ihre Fotos gedacht, die kleineren weißen Rechtecke für die Übergangseffekte. Ziehen Sie nun das Foto aus Ihren importierten Dateien, das als Erstes in Ihre Dia-Show soll, mit gedrückter linker Maustaste auf das erste große Rechteck. Lassen Sie die linke Maustaste erst los, wenn Sie mit dem Foto (Sie können es schemenhaft sehen) genau auf diesem Rechteck sind.

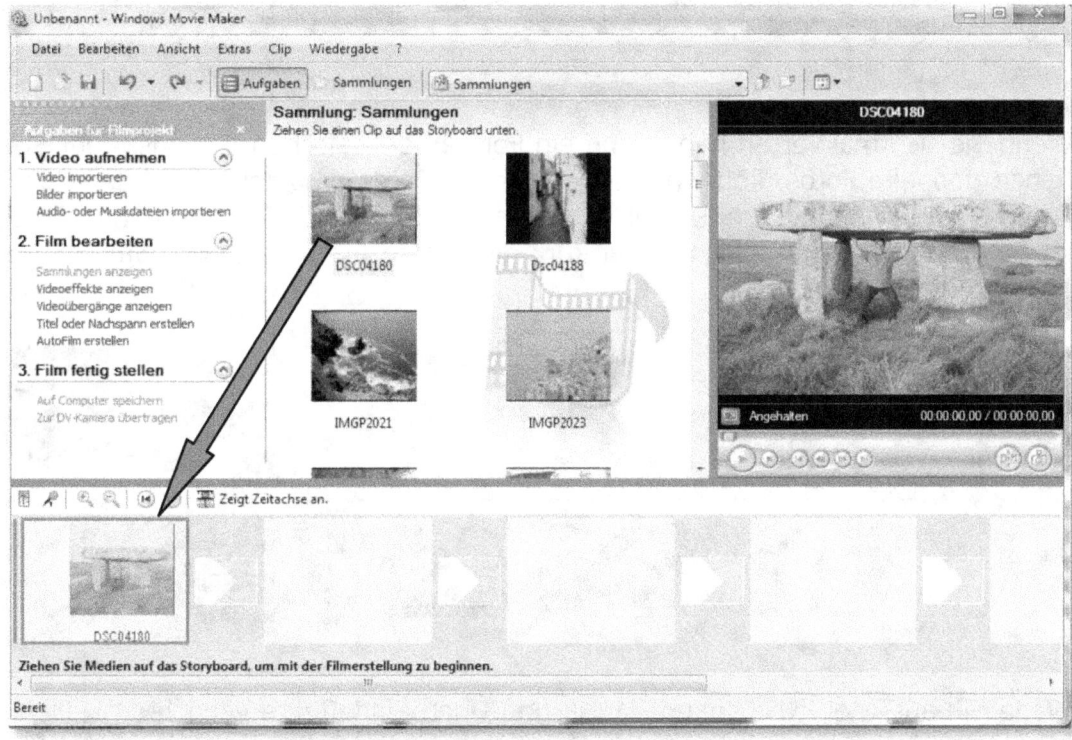

So sieht das dann aus. Nur das dort jetzt Ihr Foto sein sollte ☺.

Ziehen Sie jetzt das zweite Foto auf das zweite große weiße Rechteck usw., bis Sie alle Ihre Fotos im Storyboard sehen. Unter dem Storyboard ist ein Scrollbalken, mit dem Sie das Storyboard hin und her schieben können. Im Ergebnis sollte das dann so aussehen. Das erste Foto kann ich mir manchmal nicht verkneifen ☺.

Wenn Sie sich mal vertan haben und ein Foto an der falschen Stelle ist oder Sie haben doppelte Fotos, können Sie die falschen Fotos ganz leicht aus dem Storyboard entfernen. Gehen Sie mit dem Mauszeiger auf das zu löschende Foto im Storyboard, drücken Sie einmal kurz die rechte Maustaste und wählen Sie den Befehl **Löschen**.

Wenn Sie auf Titel, Nachspann, Musik und Überblendeffekte verzichten wollen, könnten Sie das jetzt schon als Dia-Show speichern. Wollen Sie aber nicht! Bis hierher war doch alles einfach oder? Und genauso einfach geht es jetzt weiter.

Sie machen eine animierte Titelseite für Ihre Dia-Show.

Animierten Titel erstellen

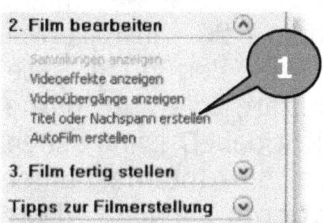

Um einen animierten Titel zu erstellen, der natürlich am Anfang Ihrer Dia-Show angezeigt werden soll, klicken Sie links oben unter **2. Film bearbeiten** einmal auf den Befehl **Titel oder Nachspann erstellen** (Pfeil 1). Daraufhin verändert sich das **MovieMaker** Fenster links oben so, wie Sie es jetzt in der rechten Abbildung sehen. Klicken Sie auf die Schaltfläche **Titel am Anfang des Films hinzufügen** (Pfeil 2).

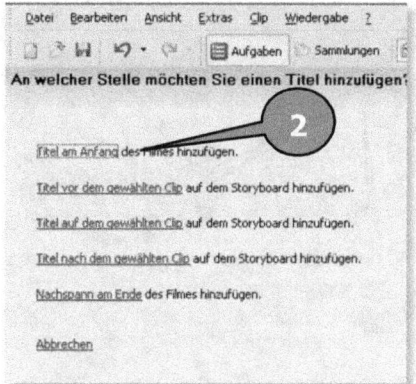

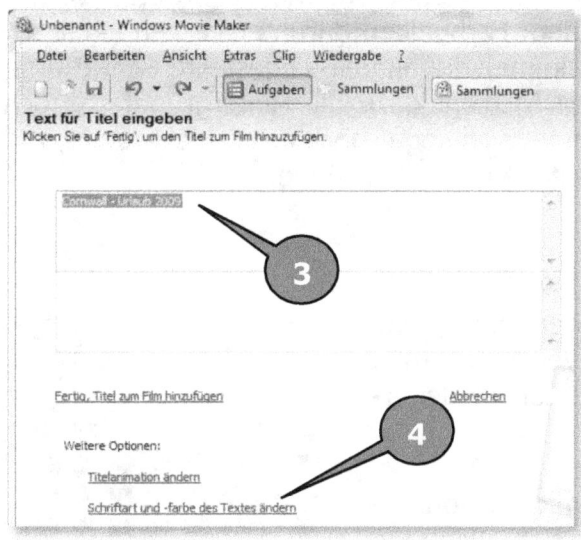

Schreiben Sie Ihren Wunschtitel in das Textfeld (Pfeil 3) hinein. Würde Ihnen das reichen, wäre der Titel schon fertig und Sie könnten einfach einmal auf die Schaltfläche **Fertig, Titel zum Film hinzufügen** klicken. Sie wollen aber mehr! Zunächst mal sollten Sie die **Schriftart und –farbe des Textes ändern**. Klicken Sie dazu auf die entsprechende Schaltfläche (Pfeil 4). Ich finde, Schriftart und Schriftfarbe sollten irgendwie zu den Fotos passen. Ich käme nie auf die Idee, bunte Fotos, etwa von einem Kirmesbesuch, mit einer Schrift zu verbinden, die in einem „fröhlichen" Schwarz daherkommt. Aber das hier ist Ihre Dia-Show, mit Ihren Fotos. Wählen Sie Schriftart und Schriftfarbe aus. Sie können das ja jederzeit wieder ändern.

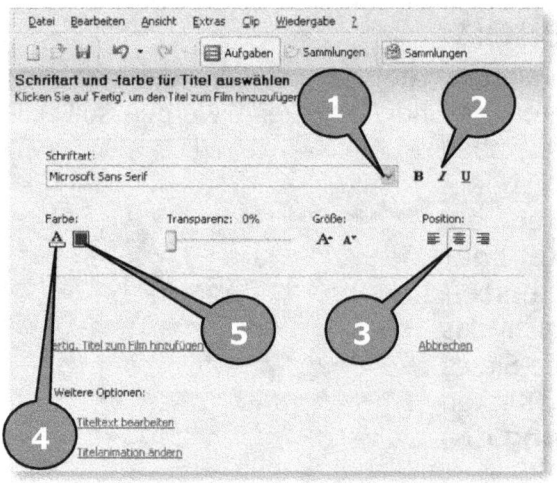

Jetzt können Sie die Schriftart auswählen (Pfeil 1). Dazu stehen Ihnen alle auf dem PC installierten Schriftarten zur Verfügung. Die richtige Schriftart, die Sie gerne hätten, ist nicht dabei? Dann sehen Sie doch mal im Internet unter **www.dafont.com** nach. Dort können Sie sich mehrere tausend Schriftarten kostenlos herunterladen. Die Schriftattribute Fett, Kursiv und Unterstrichen (Pfeil 2), sowie die Ausrichtungen (linksbündig, zentriert und rechtsbündig können Sie genau wie in einer Textverarbeitung anklicken (Pfeil 3). Die Schriftgröße lässt sich über die kleinen **Aa** schrittweise verändern. Die Schriftfarbe verändern Sie, in dem Sie auf das **A** mit dem Farbbalken darunter klicken (Pfeil 4). Der kleine Balken unter dem **A** zeigt immer die aktuell eingestellte Schriftfarbe dar. Das kleine farbige Quadrat (Pfeil 5) dient dazu die Hintergrundfarbe des Titels zu verändern. In der Mitte befindet sich sogar noch ein Schieberegler, mit dem Sie eine Transparenz für die Titelseite einstellen können.

Schriftfarbe des Titels

Ich glaube, es lohnt sich, mal etwas genauer auf die Schriftfarbe zu sehen. Die Art und Weise, wie man die Farbe ändert, taucht nämlich immer wieder irgendwo unter Windows auf.

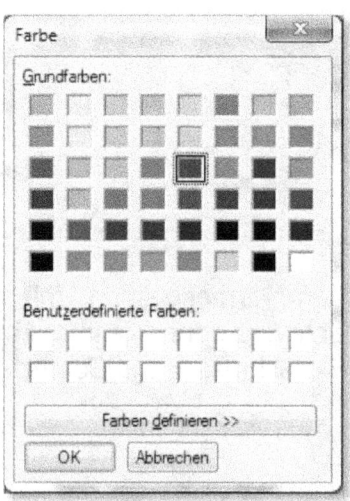

Sie sehen hier ein Auswahlfenster mit 48 vordefinierten Farben. Dieses Fenster öffnet sich, wenn Sie auf das Farbauswahlsymbol klicken. Um eine der vordefinierten Farben auszuwählen, klicken Sie diese einfach an und dann klicken Sie auf die Schaltfläche **OK**. Ihre Wunschfarbe ist nicht dabei? Kein Problem. Klicken Sie doch mal auf die Schaltfläche **Farben definieren >>**.

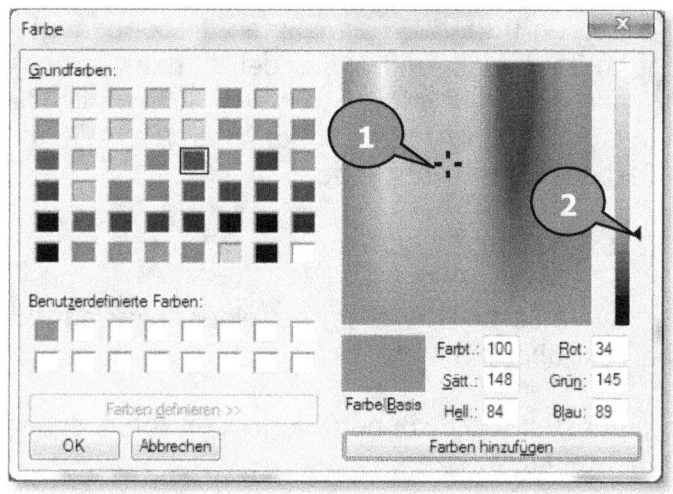

Hier können Sie jede Farbe, aus einer Palette von 16,7 Millionen Farben, einstellen. Dazu haben Sie zwei Möglichkeiten. Klicken Sie mit der linken Maustaste irgendwo in den regenbogenfarbigen Bereich, um den ungefähren Farbton zu treffen, den Sie suchen (Pfeil 1). Mit dem seitlichen Schieberegler (Pfeil 2) können Sie nun die Farbtemperatur einstellen.

Den Schieberegler können Sie mit gedrückter, linker Maustaste rauf oder runter schieben. Haben Sie den gewünschten Farbwert eingestellt, klicken Sie einmal auf die Schaltfläche **Farben hinzufügen**. Jetzt wird die Farbe in eines der Felder im Bereich **Benutzerdefinierte Farben** übernommen. Das hat den Vorteil, dass Sie die Farbe nicht jedesmal wieder neu einstellen müssen, sondern nur noch das entsprechende Feld im Farbauswahlfenster einmal anklicken müssen um die Farbe auszuwählen.

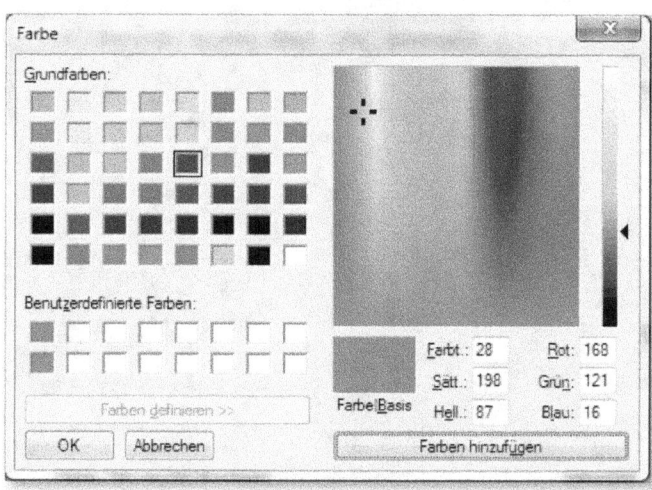

Es gibt eine zweite Möglichkeit Farben auszuwählen. Dazu muss man deren RGB-Werte kennen. Wenn Sie bestimmte Farben öfter benutzen wollen, lohnt es sich, die Werte für R (Rot), G (Grün) und B (Blau) irgendwo zu notieren. In anderen Programmen, wie etwa Word oder Open Office und vielen Grafik-Programmen sieht die Farbauswahl nämlich identisch aus. Sie sehen in diesem Beispiel rechts unten in der Ecke die RGB-Werte. Rot hat den Wert 168, Grün 121 und Blau 16.

Die drei Farben können Werte zwischen 0 und 255 annehmen. Dabei bedeutet der Wert 0, dass die Farbe nicht vorhanden ist und 255 bedeutet den Maximalwert einer Farbe. Wenn Ihre Wunschfarbe ein reines Grün sein soll, wären die Werte also 0/255/0. Für ein reines Rot 255/0/0 usw. So kommen auch die sagenumwobenen 16,7 Millionen Farben beim PC zustande:

$$256 \times 256 \times 256 = 16\ 777\ 216$$

Aber egal mit welcher Methode Sie die Farbe einstellen, mit einem Klick auf die Schaltfläche **OK** wird sie für den Text übernommen.

Ganz rechts gibt es ein Vorschaufenster. Dort können Sie immer sofort sehen wie sich eine Änderung auf Ihren Titel auswirkt.

Titelanimation ändern

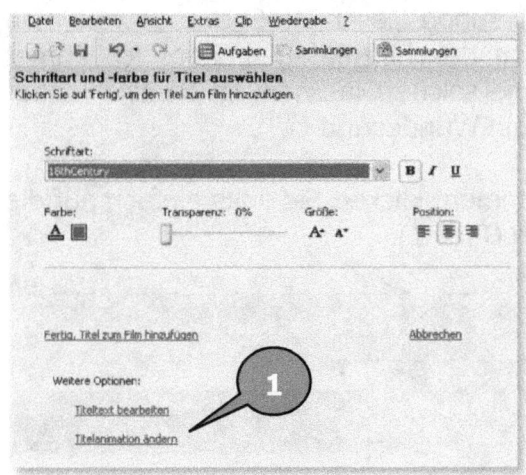

Alle Einstellungen vorgenommen? Dann ändern Sie jetzt schnell noch die Titelanimation. Dazu klicken Sie auf die Schaltfläche **Titelanimation ändern** (Pfeil 1).

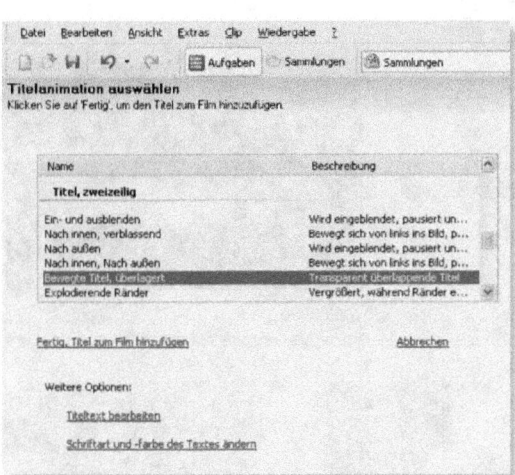

Dort gibt es eine große Auswahl an vorgefertigten Titelanimationen. Scrollen Sie ruhig mal durch die Liste durch und probieren Sie mal herum, was Ihnen gefällt. Ich habe einen persönlichen Favoriten. Unter **Titel, zweizeilig** mag ich besonders **Bewegte Titel, überlagert**. Aber vielleicht gefällt Ihnen etwas anders. Sie wählen aus. In der Vorschau am rechten Fensterrand sehen Sie das Ergebnis. Damit ist Ihr Titel fertig und Sie müssen nur noch auf die Schaltfläche **Fertig, Titel zum Film hinzufügen** klicken.

Damit hat sich Ihr Storyboard verändert. Der Titel steht jetzt an erster Stelle.

Digitalkamera und dann? - Windows 7

Überblendeffekte

Die Überblendeffekte sind das Salz in der Suppe dieser Dia-Show. Obwohl man nun wirklich kein Künstler sein muss um das hinzukriegen, höre ich immer Aaahhhs und Ooohhhs, wenn ich mal eine solche Dia-Show im Familien- oder Freundeskreis zeige. Die halten mich für ein Wunderkind ☺.

Um an die Überblendeffekte heran zu kommen, klicken Sie links einfach auf die Schaltfläche **Videoübergänge anzeigen** (Pfeil 1).

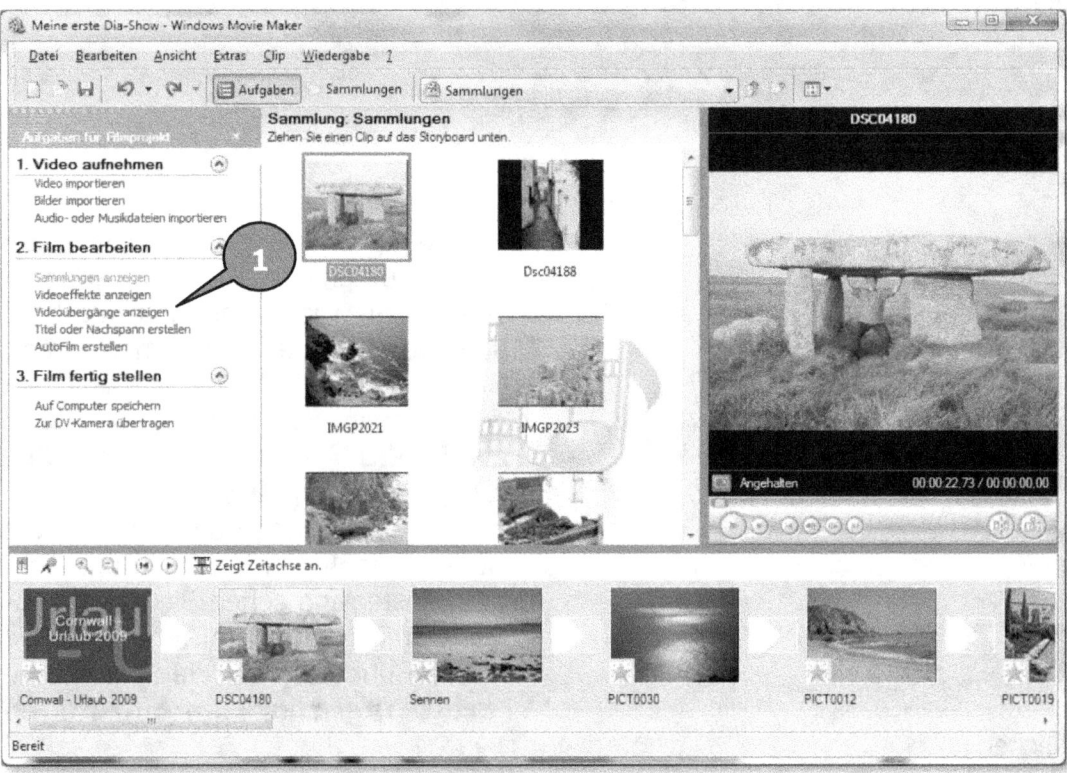

Der Windows **MovieMaker** bringt bereits zahlreiche Überblendeffekte mit. Diese Effekte lassen sich fast genauso in das Storyboard ziehen, wie Sie das vorher mit den Fotos gemacht haben. Nur legen Sie die Überblendeffekte nicht auf den großen weißen Rechtecken ab, sondern auf den kleinen weißen Rechtecken, die zwischen den Fotos sind. Ich nehme jedesmal einen anderen Effekt zwischen zwei Fotos. Da kommt beim Zuschauer auch keine Langeweile auf. Die Überblendeffekte sind grafisch stilisiert und lassen zumindest erahnen, wie der gewünschte Effekt aussehen wird. Ziehen Sie jetzt, mit gedrückter linker Maustaste, jeweils einen Effekt zwischen zwei Fotos.

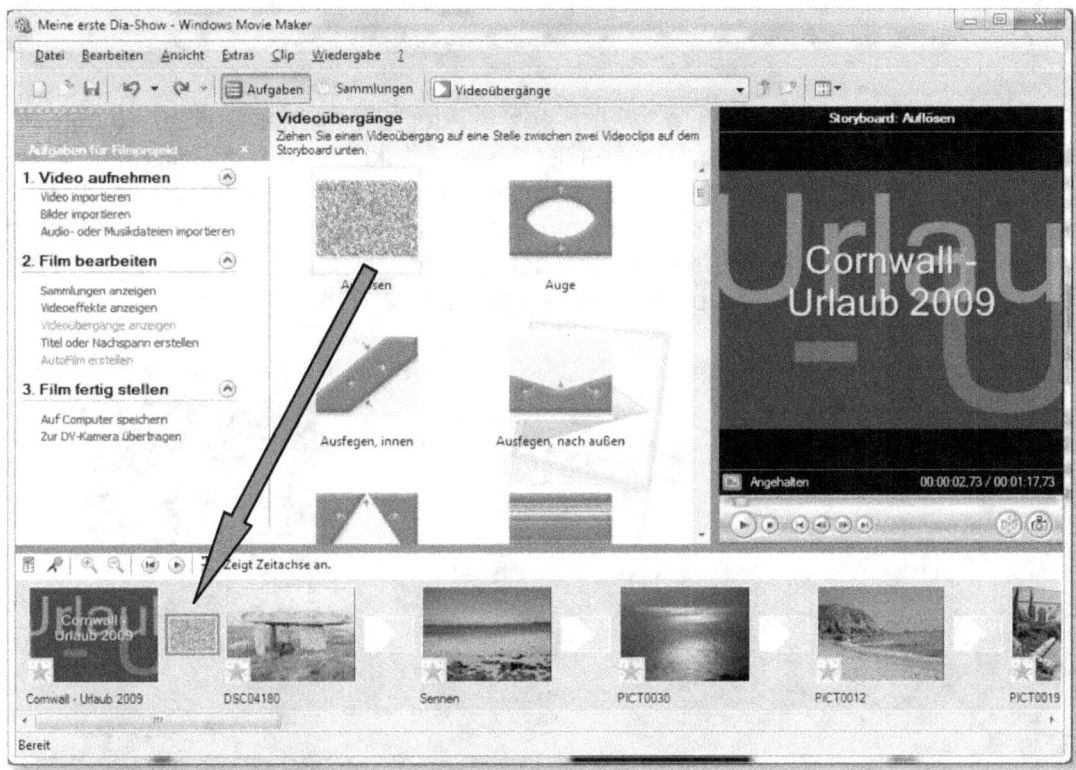

Wenn Sie mal einen „falschen" Effekt zwischen zwei Fotos gesetzt haben, gibt es zwei Möglichkeiten, den Effekt wieder los zu werden. Sie können mit dem Mauszeiger auf den unerwünschten Effekt im Storyboard fahren, drücken einmal kurz die rechte Maustaste und wählen den Befehl **Löschen** aus.

Dann ist dieser Platz zwischen zwei Fotos wieder ein kleines weißes Rechteck. Dort ziehen Sie dann einfach einen anderen Effekt darauf. Möglichkeit 2 ist wesentlich effektiver. Ziehen Sie einfach einen anderen Effekt auf den Auszutauschenden. Im Prinzip ist die Diashow jetzt fertig. Klicken Sie doch mal rechts auf den Wiedergabeknopf (Pfeil 1) und sehen Sie sich mal die Vorschau an. Den Screenshot habe ich genau beim Überblenden zweier Fotos gemacht.

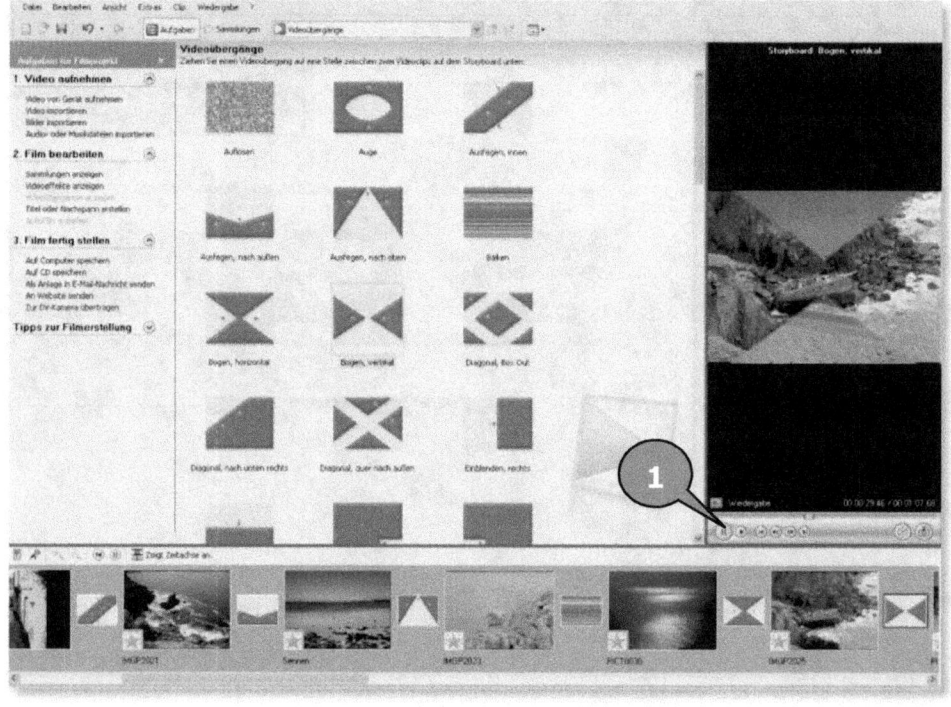

Dia-Show als Projekt speichern

Bevor wir uns mit dem Vertonen beschäftigen, sollten Sie Ihre Dia-Show speichern. Das Tolle am **MovieMaker** ist, dass man die Dia-Show nicht nur als fertigen Film speichern kann, sondern auch als sogenanntes Projekt, das sich jederzeit wieder öffnen und verändern lässt. Wenn man also mal ein Foto austauschen möchte, muss man nicht wieder von vorne anfangen.

Um die Dia-Show als Projekt zu speichern, klicken Sie oben links auf den Menübefehl **Datei/Projekt speichern unter...**

Daraufhin öffnet sich das nachfolgende Dateiauswahlfenster. Das kennen Sie sicherlich auch schon aus anderen Anwendungen unter Windows.

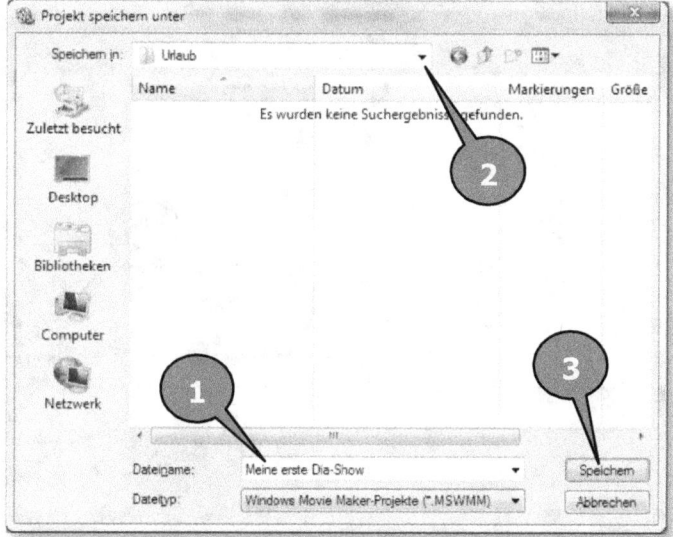

Ich habe die Datei **Meine erste Dia-Show** genannt und Sie in dem Ordner gespeichert, in dem auch die Fotos sind. **MovieMaker** schlägt aber zunächst den Ordner Bibliotheken/Video automatisch als Speicherort vor. Sie können natürlich einen beliebigen Namen in das Feld **Dateiname** (Pfeil 1) eintragen und wenn Ihnen der Speicherort nicht gefällt, wählen Sie einfach einen anderen aus (Pfeil 2). Danach brauchen Sie nur noch auf die Schaltfläche **Speichern** (Pfeil 3) zu klicken.

Dia-Show öffnen

Um ein Projekt zu öffnen und evtl. zu verändern, klicken Sie auf den Menübefehl **Datei/Projekt öffnen** (Pfeil 1).

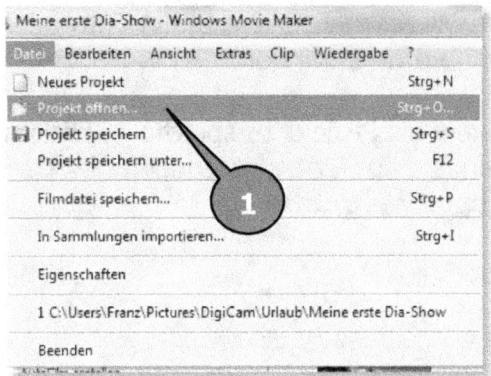

Es öffnet sich das folgende Fenster, in dem Sie die gewünschte Datei (Pfeil 2) durch einen Doppelklick öffnen können.

Oder markieren Sie die gewünschte Datei durch einen einfachen Linksklick mit der Maus und klicken dann anschließen auf die Schaltfläche **Öffnen** (Pfeil 3).

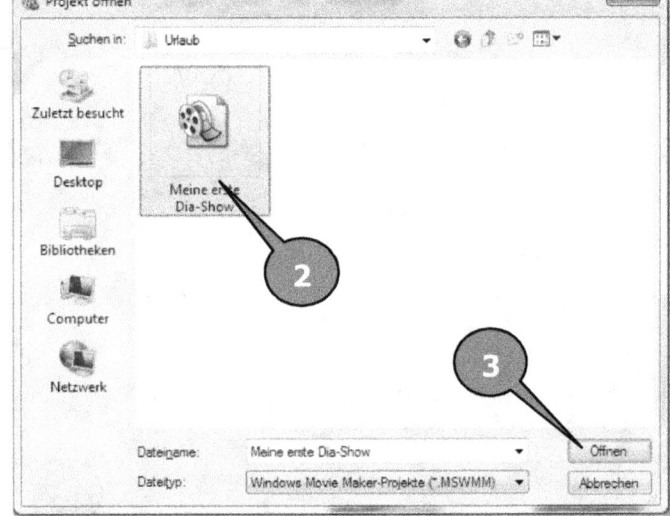

Hintergrundmusik für die Dia-Show

Bis hierher war es doch immer noch einfach. Oder etwa nicht? Wenn man fertige Hintergrundmusik hat, geht es genauso einfach weiter. Hat man noch keine fertigen Musikstücke auf der Festplatte, wird es etwas aufwändiger aber nicht unlösbar, wie Sie sehen werden. Wir konzentrieren uns zunächst mal darauf, wie man ein bestehendes Musikstück von der Festplatte in die Dia-Show hineinbekommt. Glücklicherweise bringt Windows schon einige Musikstücke mit. Diese befinden sich im Ordner **Bibliotheken/Musik/Beispielmusik**. Wie man sich aus der eigenen CD-Sammlung geeignete Musikstücke als Hintergrundmusik für eine Dia-Show extrahiert, können Sie im Kapitel **CDex** nachlesen. Alles ziemlich einfach zu machen.

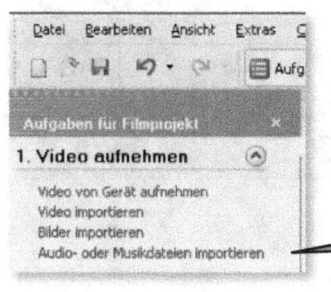

Zunächst einmal müssen Sie die gewünschte Audiodatei importieren. Das geht so ähnlich wie mit den Bildern. Nur dass Sie diesmal links auf die Schaltfläche **Audio- oder Musikdatei importieren** (Pfeil 1) klicken.

Suchen Sie den Ordner Bibliotheken/Musik/Beispielmusik. Sie haben wieder ein Dateiauswahlfenster vor sich. Doppelklicken Sie doch mal die Datei **Kalimba**. Ich finde, Kalimba passt zu fast jeder Dia-Show ☺. Sie können aber auch die gewünschte Datei einmal anklicken und dann einen weiteren Klick auf die Schaltfläche **Importieren** durchführen.

Daraufhin wird die Datei importiert und landet dort, wo auch die importierten Fotos sind. Importierte Musikstücke sind immer am Notenschlüssel (Pfeil 1) in ihrem Piktogramm zu erkennen.

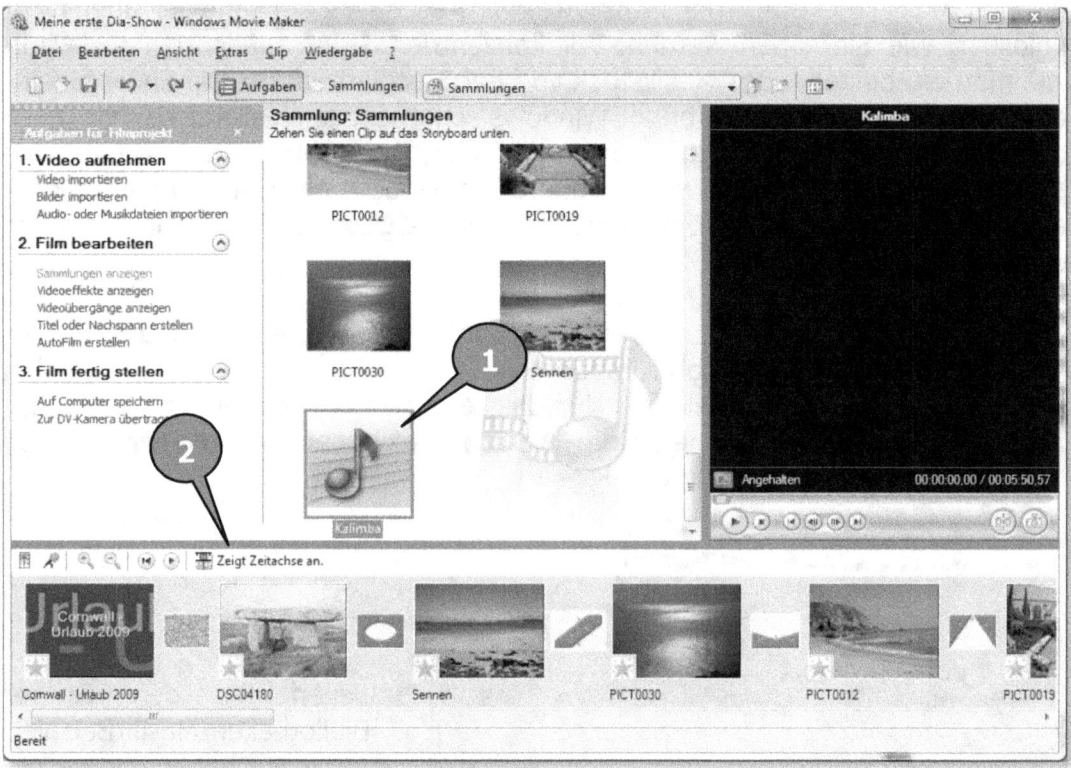

Tja. Und jetzt müssen Sie das Storyboard verlassen und in die Zeitachse wechseln. Sie verlassen quasi das Drehbuch und wenden sich dem Schnitt zu. Dazu klicken Sie bitte auf die Schaltfläche **Zeigt Zeitachse an** (Pfeil 2).

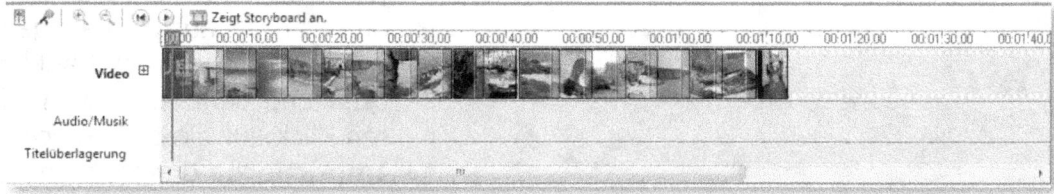

In der Zeitachse sehen Sie alle Ihre Fotos und Titel in chronologischer Folge.

Unter den Fotos sehen Sie zwei weitere Spuren. Eine davon heißt **Audio/Musik**. In diese Spur ziehen Sie jetzt mit gedrückter, linker Maustaste das importierte Musikstück. Dabei sollten Sie, wie so oft, keinen nervösen Zeigefinger haben. Den Anfang des Musikstücks sollten Sie nämlich genau an den Anfang der Zeitachse schieben. Wenn das nicht auf Anhieb gelingt, ist das kein Beinbruch. Gehen Sie mit dem Mauszeiger einfach mitten in das Musikstück in der Tonspur und schieben Sie es mit gedrückter, linker Maustaste ganz nach links.

Wie Sie sehen, ist das Musikstück auf der Zeitachse länger als die eigentliche Dia-Show. Was soll ich sagen, das würde entweder blöd aussehen oder sich blöd anhören. Ganz wie Sie wollen. Für dieses Beispiel werden Sie den einfachen Weg gehen und das Musikstück kürzen. In dem Kapitel *Was kann die Zeitachse noch?* gebe ich Ihnen dann noch einen Denkanstoß, der aber zugegebenermaßen ganz schön in Arbeit ausarten kann, wenn Sie das in Angriff nehmen sollten. Um das Musikstück genau auf die Länge der Diashow zu kürzen, gehen Sie mit dem Mauszeiger genau auf die hinterste Kante des Musikstücks und schieben diese, mit gedrückter, linker Maustaste nach links, bis sie genau mit dem Ende der Dia-Show übereinstimmt.

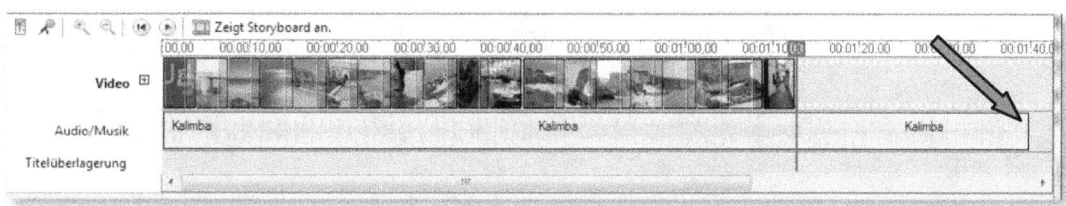

Alles was rechts vom Filmende war, wird jetzt abgeschnitten. Das würde aber wahrscheinlich nicht gut klingen, weil Sie ja noch nicht wissen, wo die Musik abgeschnitten wurde. Das kann schon ziemlich abrupt und abgehackt klingen. Damit das nicht passiert, hat der **MovieMaker** eine tolle Funktion.

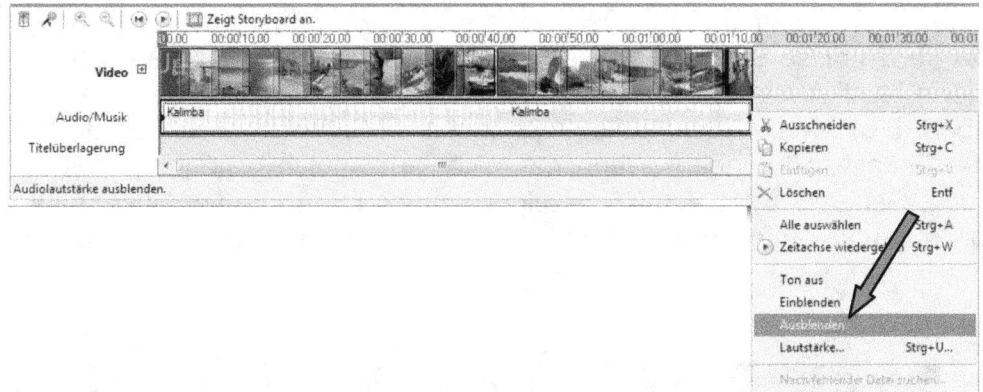

Gehen Sie mit dem Mauszeiger in der Zeitachse irgendwo auf das Musikstück, drücken Sie einmal kurz die rechte Maustaste und wählen Sie den Befehl **Ausblenden**. **MovieMaker** blendet dann am Ende das Musikstück langsam aus und damit klingt das Ende meistens ziemlich gut.

So. Fertig. Jetzt sollten Sie Ihr Projekt noch mal speichern.

Als Videofilm speichern

Anders als bei der Dia-Show mit **IrfanView** wird die Dia-Show mit dem **MovieMaker** als Filmdatei gespeichert. Das hat den Vorteil, dass Sie diese Datei auch auf einen CamCorder übertragen können oder auf einer CD/DVD in einem DVD-Abspieler im Wohnzimmer sehen können. Dafür haben Sie aber nur Videoauflösung, während eine **Dia-Show** mit **IrfanView** alle Fotos in voller Auflösung zeigen kann.

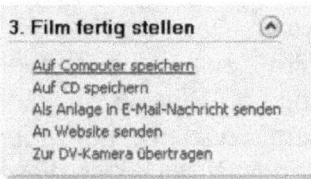

Sie werden den fertigen Film jetzt auf Ihrer Festplatte speichern. Dazu klicken Sie links im Bereich **Film fertigstellen** auf die Schaltfläche **Auf Computer speichern**.

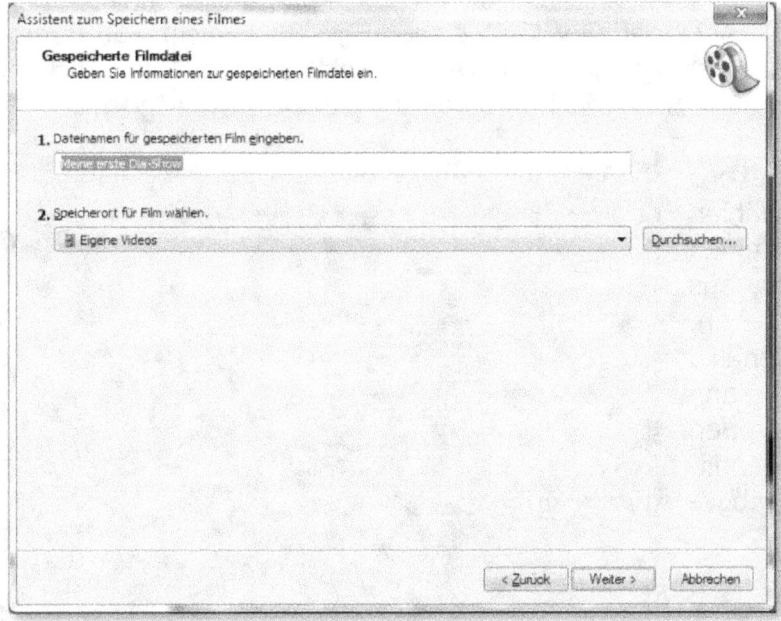

Im sich öffnenden Fenster können Sie einen Dateinamen und einen Speicherort angeben. Der Name sollte meiner Meinung nach schon etwas mit der Dia-Show zu tun haben, damit man die Datei jederzeit wieder findet. Der Ordner **Eigene Videos** wird auch hier als Speicherort vorgeschlagen. Sie können einen anderen Ordner wählen, wenn Ihnen der nicht gefällt. Klicken Sie jetzt auf **Weiter**.

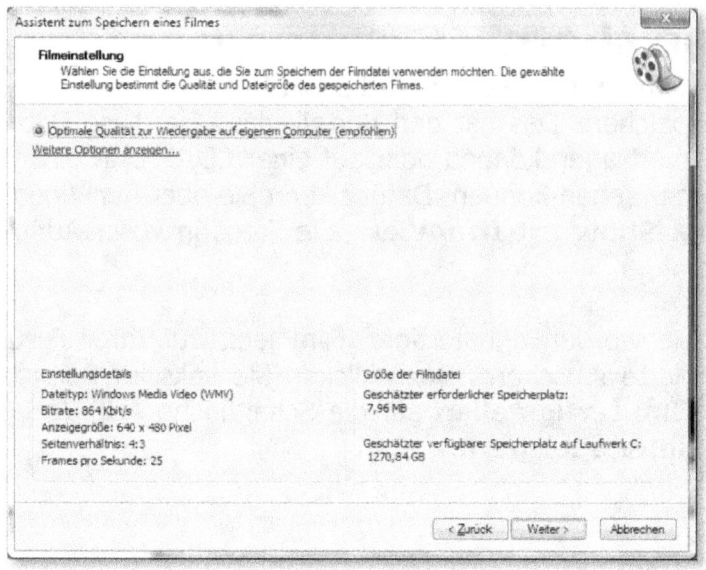

An dieser Stelle müssen Sie eine Entscheidung fällen, die gar nicht so offensichtlich ist. Der **MovieMaker** ist nämlich so voreingestellt, dass der Film als Windows-Media-Film-Datei (WMF) gespeichert wird. Das macht den Film zwar ungeheuer klein (7,96 MB in diesem Beispiel), hat aber den Nachteil, dass diese Datei nur auf einem Windows-Rechner mit dem Media-Player läuft. Aber definitiv läuft dieser Film dann nicht auf Ihrem DVD-Spieler im Wohnzimmer. Das können Sie aber jetzt ändern. Dazu klicken Sie in diesem Fenster auf die Schaltfläche **Weitere Optionen anzeigen**.

Dort klicken Sie auf **Weitere Einstellungen** und wählen durch klicken auf den kleinen Pfeil das AVI-Format aus (DV-AVI). Wie Sie sehen, wird die Datei wesentlich größer (hier 273MB), kann dafür aber auch auf den meistens im Handel befindlichen DVD-Spielern abgespielt werden.

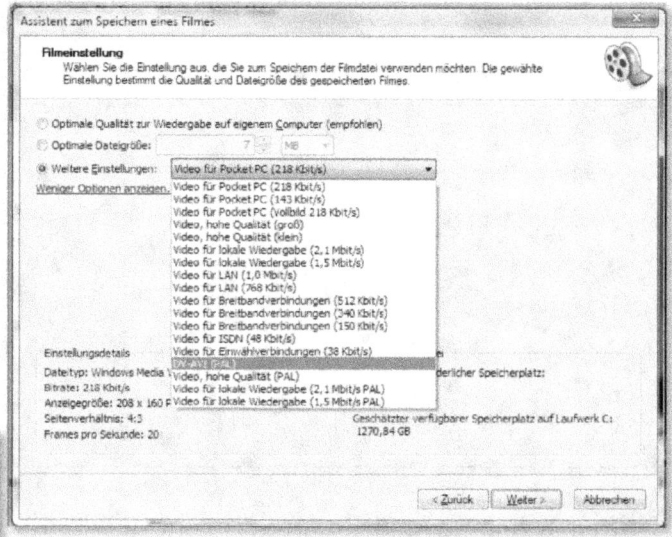

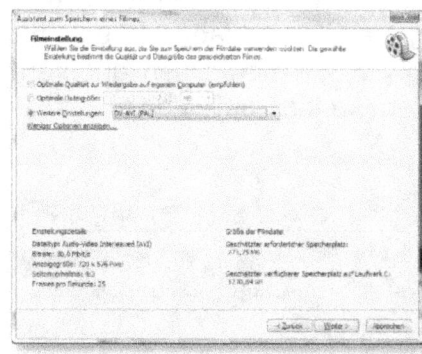

Klicken Sie jetzt auf die Schaltfläche **Weiter**.

Digitalkamera und dann? - Für Windows 7

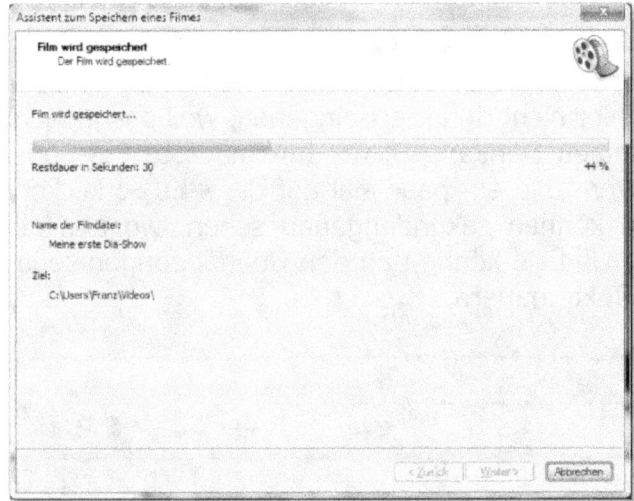

Dieses Fenster zeigt Ihnen den Fortschritt des Speichervorgangs an und wie lange das voraussichtlich noch dauern wird. Die Dauer dieses Vorgangs ist, neben der Länge des Films, im Wesentlichen von der Rechenleistung Ihres PCs abhängig. Je schneller der PC, desto schneller ist das Ergebnis da.

Wenn Sie jetzt auf die Schaltfläche **Fertigstellen** klicken, wird der Film sofort im Windows Mediaplayer abgespielt. Sie können aber auch einfach auf **Abbrechen** klicken und dann später den Film durch einen Doppelklick im Zielordner starten. Ich nehme aber mal an, Sie wollen jetzt endlich das Ergebnis sehen und hören ☺.

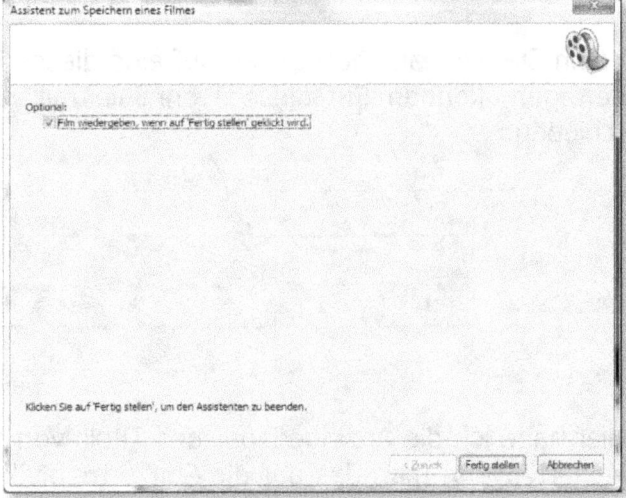

Was kann die Zeitachse noch?

Der **MovieMaker** ist ja im Grunde ein ausgewachsenes Video-Schnittprogramm. Darauf will ich hier nicht detailliert eingehen, weil das ja nicht Thema dieses Buches ist. Aber einen Denkanstoß für Ihre nächste Dia-Show möchte ich Ihnen noch geben. Wenn Sie ein paar Mal auf die **+Lupe** klicken, wird die Zeitachse gespreizt. Sie können sekundengenau sehen, wo ein Bild aufhört und das Nächste anfängt. Und sie können an den Überlappungen sogar ablesen, wie lang die Überblendeffekte dauern.

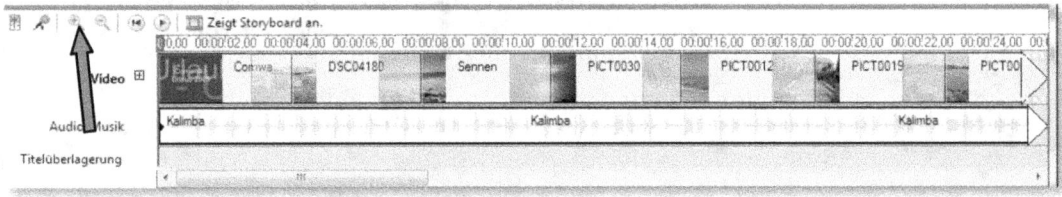

Wenn Sie die Maus nun genau auf eine dieser Trennlinien zwischen zwei Bildern bewegen, können Sie diese Trennlinie mit gedrückter linker Maustaste verschieben.

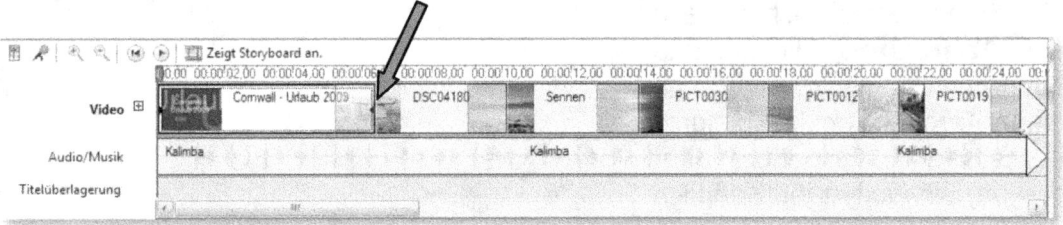

Hier habe ich die Anzeigedauer des Titels von 4 Sekunden auf 6 Sekunden verlängert. Wenn man das auf die Spitze treibt, kann man ein Foto natürlich auch auf die Note genau mit einem Musikstück synchronisieren. Das macht wirklich Spaß aber auch viel Arbeit.

Dia-Show im Media-Player steuern

Die fertige Filmdatei können Sie im Windows Media-Player ablaufen lassen. Dazu brauchen Sie die Datei nur im Windows-Explorer zu doppelklicken. Sie wird dann in den Windows Media-Player geladen und abgespielt.

Hier ist die Funktion der wichtigsten Schaltflächen zur Steuerung des Media-Players.

1. Wiedergabe/Pause-Schalter
2. Stopp-Schalter
3. Lautstärkeregler
4. Zeitachse für die aktuelle Position im Film
5. Laufzeitanzeige

Sie können übrigens in der Zeitachse die Position im Film verändern, in dem Sie einfach einen Linksklick auf die gewünschte Stelle machen.

Wo bekomme ich CDex?
Das Programm **CDex** können Sie im Internet unter http://www.mpex.net/software/details/cdex.html kostenlos herunter laden.

CDex installieren
CDex zu installieren ist denkbar einfach. Klicken Sie sich einfach durch die Installation. Nach der erfolgreichen Installation sollten Sie das Programm auf deutsch umstellen. Dazu klicken Sie auf den Menübefehl **Options/Select Language/deutsch**. Schon erscheinen alle Menüs in deutscher Sprache.

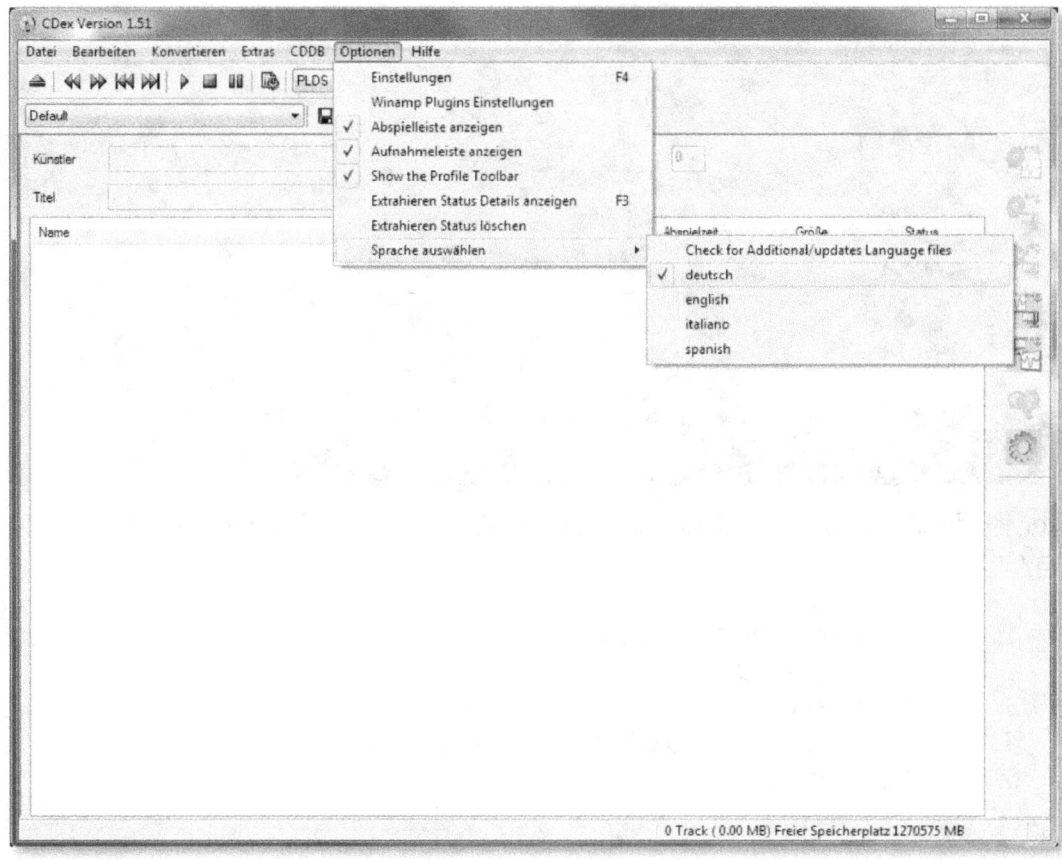

MP3 selbst gemacht

Ich stelle mir häufig aus meiner CD-Sammlung eigene CDs zusammen, die ich im Auto höre bzw. als MP3-Dateien auf einen kleinen MP3-Player überspiele, den ich beim Fahrradfahren trage (ich weiß, man soll im Straßenverkehr keine Ohrhörer tragen). Natürlich können Sie diese MP3-Titel auch als Hintergrundmusik für Ihre DIA-Shows benutzen. Dabei sollten Sie aber etwas Rechtliches beachten. Musik unterliegt dem Urheberrecht. Sie dürfen urheberrechtlich geschützte Musik nicht weitergeben. Das ist strafbar! Möchten Sie anderen Personen eine Dia-Show mit Hintergrundmusik zukommen lassen, empfehle ich Ihnen auf sogenannte Gema-freie Musiktitel zurück zu greifen. Bei **www.pearl.de** oder **www.magix.de** finden Sie eine große Auswahl Gema-freier CDs. Diese sind nicht teuer. Jedenfalls sind sie deutlich billiger als die Abmahnung durch den Anwalt eines geschädigten Musikers ☺. Beim Zusammenstellen dieser Lieder ist mir **CDex** eine wertvolle Hilfe. **CDex** ist einfach zu bedienen, konvertiert Audio-Dateien mit einem Mausklick in die verschiedensten Formate und kann die Titel auch noch automatisch eintragen, sofern Sie über einen Internetzugang verfügen.

Wenn Sie sich den Inhalt einer Original-Audio-CD mit dem Windows-Explorer ansehen, werden Sie Titelangaben vermissen. Die einzelnen Stücke heißen dann Track01, Track02, Track03 usw. Das ist wenig aus-sagekräftig und noch weniger hilf-reich. Genau hier setzt **CDex** an. Wenn Sie das Programm starten und eine Audio-CD einlegen, wird das CD-Ex-Fenster nach wenigen Sekunden etwa so aussehen wie in dem rechten Bild.

Digitalkamera und dann? - Windows 7

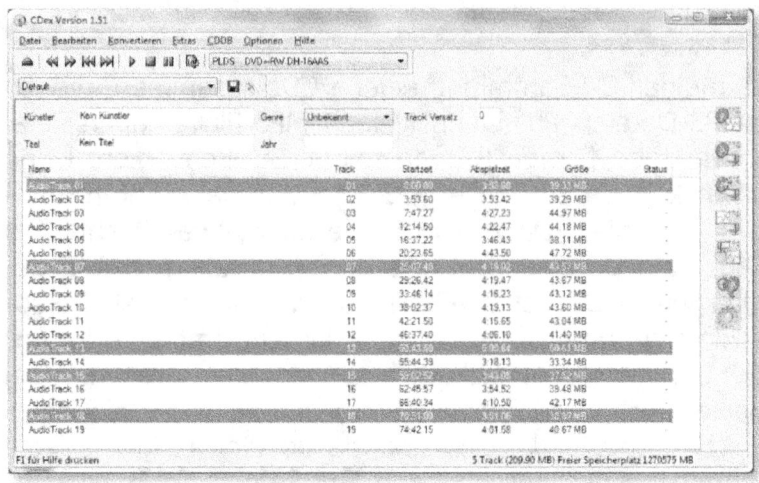

Nicht alle Funktionen, die **CDex** zu bieten hat, werden auch häufig benötigt. Warum überhaupt ins MP3-Format umwandeln? MP3 verkleinert die Musik-Dateien enorm. Während Sie maximal 18 Musikstücke a 4 Minuten auf eine Audio-CD bekommen, sind es im MP3-Format ca. 150 Stück.

 Klicken Sie auf diesen Button, werden alle mit der linken Maustaste markierten Audio-Tracks in das WAV-Format umgewandelt.

 Dieser Button, gehört zu den Wichtigen. Ein Klick wandelt alle markierten Audio-Tracks ins MP3-Format um und speichert sie auf ihrer Festplatte.

 Dieser Button sieht fast genauso aus wie der Vorherige. Er wandelt alle markierten Dateien wahlweise in WAV oder MP3 um. Allerdings erzeugt er nicht für jedes Stück eine eigene Datei, sondern nur eine große Datei.

 Mit diesem Button wandeln Sie markierte WAV-Dateien in MP3 um.

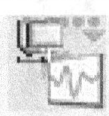 Mit diesem Button wandeln Sie MP3-Dateien in WAV um.

 Meine Lieblings-Funktion. Damit sucht **CD-EX** automatisch in einer Internetdatenbank nach den Titeln und dem Interpreten und wandelt die Namen automatisch um. Hat bisher mit jeder CD funktioniert.

 Hier können Sie verschiedene Einstellungen vornehmen. Das sollten Sie aber nur machen, wenn sie sich wirklich gut auskennen.

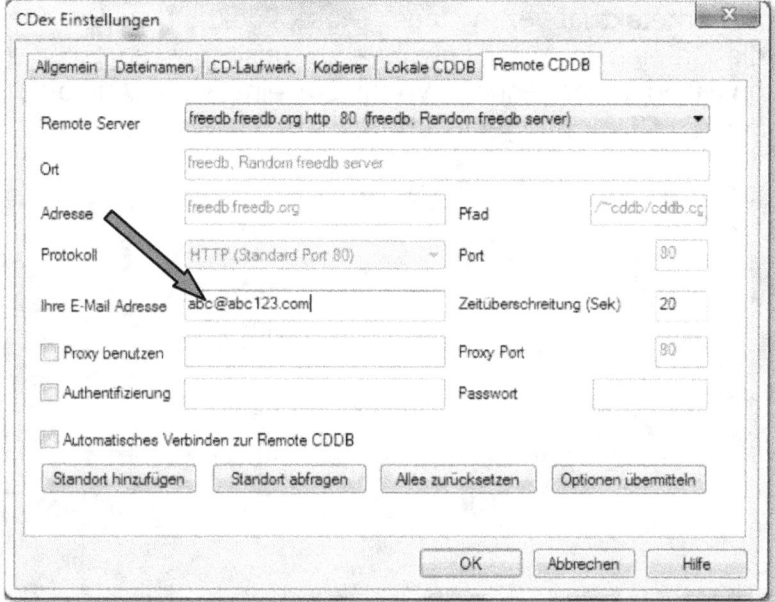

Um die Internetfunktion nutzen zu können, müssen sie bei den **Einstellungen** auf der **Registerkarte Remote CDDB** eine gültige Email-Adresse angeben. Die hier angegebene Email-Adresse ist nur exemplarisch. Sie existiert nicht wirklich.

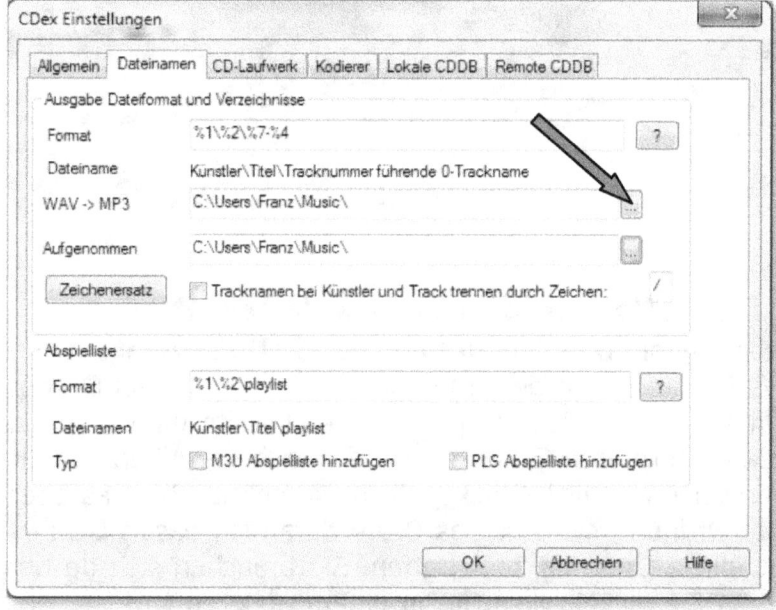

Da wir gerade dabei sind, sollten Sie gleich auf der Registerkarte Dateinamen die Pfade auf Ihren Musik-Ordner umlegen. Dazu klicken Sie auf das Auswahlsymbol (siehe Pfeil), wählen Ihren bevorzugten Speicherort aus und klicken anschließend auf **OK**.

So sieht das nach der Internetaktualisierung aus. Diese Funktion sollten Sie aufrufen, BEVOR Sie die Dateien in MP3 umwandeln, sonst müssen Sie die Dateien nämlich alle von Hand umbenennen. Wenn Sie eine neue Audio-CD einlegen, wird die Anzeige von **CDex** übrigens automatisch aktualisiert.

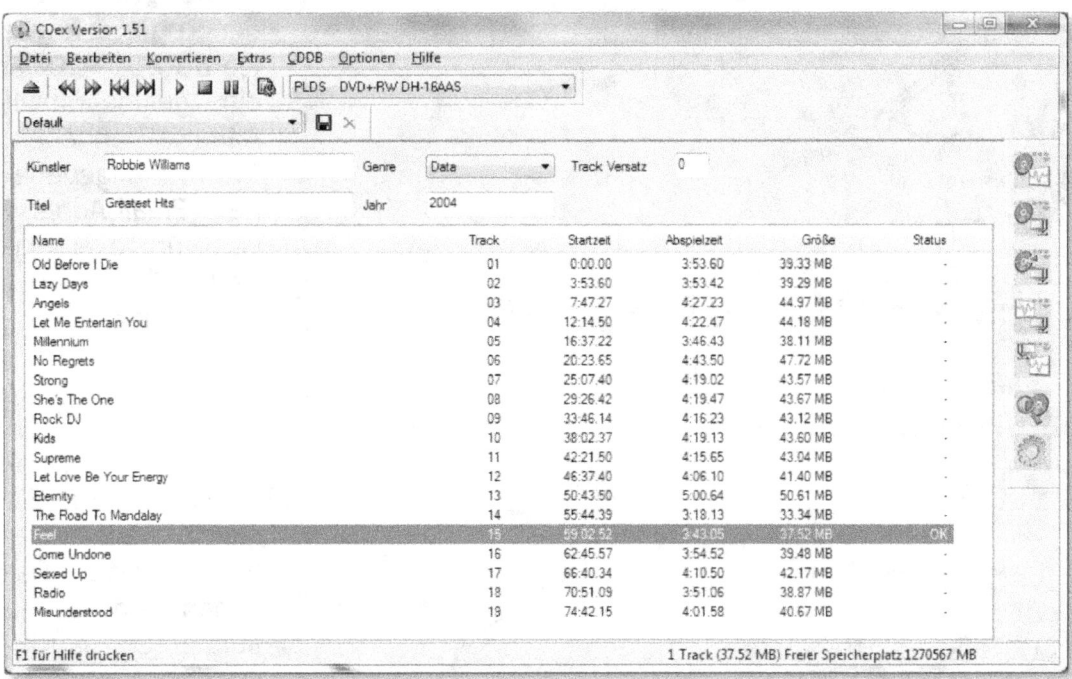

Wo finde ich meine MP3-Musik wieder?

CDex legt normalerweise in Ihrem Ordner **Bibliotheken/Dokumente** einen Unterordner namens **My Music** an. In diesem Ordner befindet sich ein Ordner mit Namen **MP3**. Darin sind dann die Interpreten aller bereits umwandelten CDs aufgelistet. In diesen Interpreten-Ordnern befinden sich die Alben-Ordner und darin sind dann endlich Ihre Musik-Stücke. Klingt kompliziert? Ist es aber nicht. Es ist das perfekte Ordnungssystem. Das Beste daran ist, dass **CDex** es ganz alleine übernimmt, diese Ordnung zu schaffen. Sie brauchen sich da um nichts zu kümmern. Wenn Sie die Musikstücke in einem anderen Ordner, z.B. Musik, speichern müssen, ändern Sie den Speicherpfad vorher ab, wie auf der vorhergehenden Seite beschrieben.

Email-Versand von Fotos

Sie möchten ab und an Fotos per Email versenden? Das Umwandeln der Fotos in eine andere Größe, damit sie email-tauglich werden, ist schon mühsam. Oder? Macht auch keinen Spaß. Windows 7 bietet da eine nette kleine Arbeitserleichterung. Die funktioniert aber nur dann, wenn Sie **Windows Live Mail** oder **Outlook** als Email-Programm einsetzen. Markieren Sie doch einmal im Windows-Explorer ein oder mehrere Fotos. Jetzt öffnen Sie das Kontextmenü über die rechte Maustaste und wählen einmal den Befehl: **Senden an** und dort den Befehl: **Email-Empfänger**.

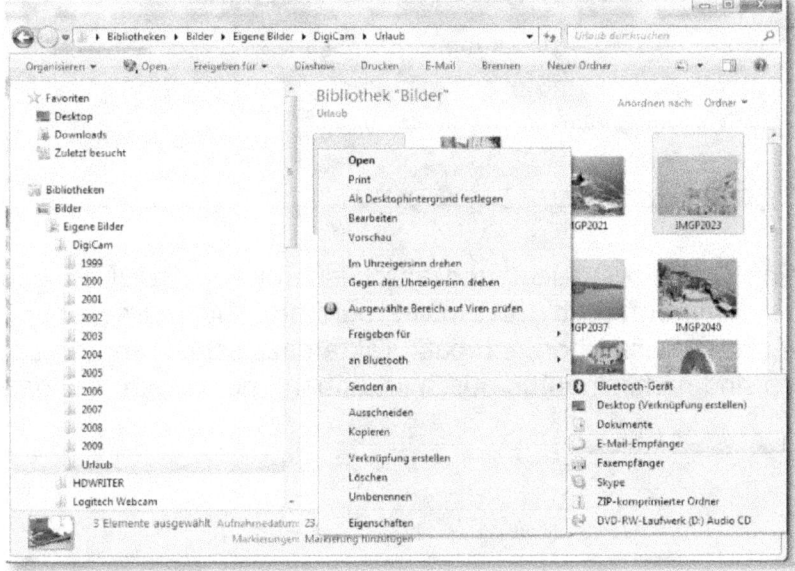

Folgendes Fenster öffnet sich:

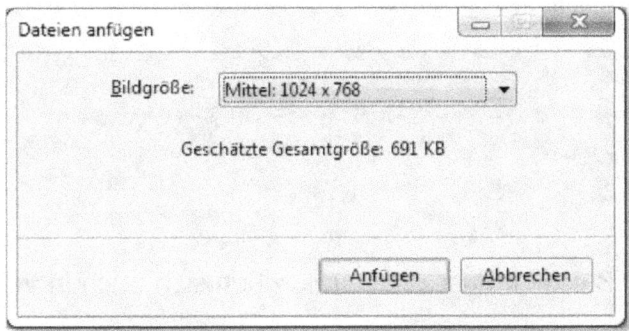

Alle Bilder verkleinern wäre ja schon hilfreich. Wenn Sie jetzt noch auf den kleinen Pfeil neben der Bildgröße klicken, können Sie sich die Größe in gewissen Grenzen sogar aussuchen.

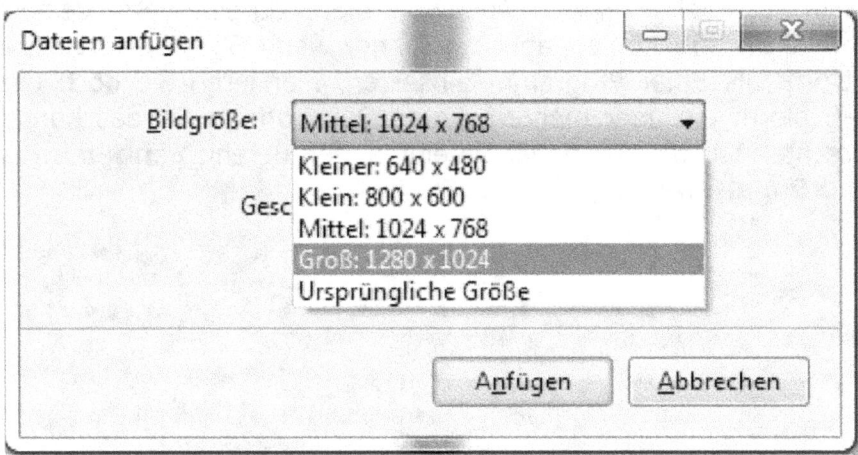

Wenn Sie eine Größe festgelegt und anschließend auf **Anfügen** gedrückt haben, öffnet sich automatisch Ihr Email-Programm. Sie müssen nur noch eine Empfänger-Adresse aussuchen, ein paar Takte dazu schreiben und schon geht's los. Die Fotos sind nämlich automatisch im Anhang der neuen Mail gelandet.

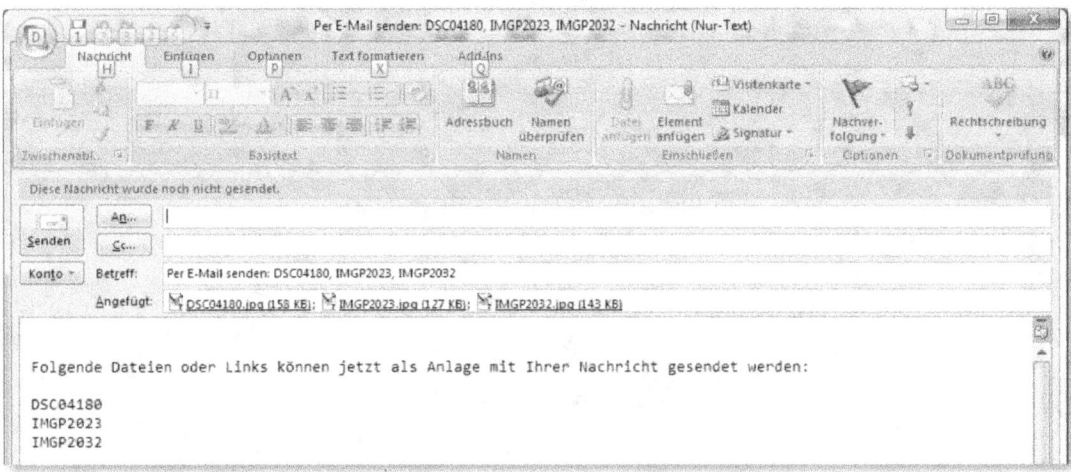

Sie sehen an dem Beispiel, dass die Dateigrößen sich auch in vertretbarem Rahmen bewegen.

Eigenschaften

Sie möchten wissen, mit welchen Einstellungen ein Foto aufgenommen wurde, damit Sie lernen, wie Sie solche Aufnahmen auch hinbekommen? Nichts leichter als das. Klicken Sie im Windows-Explorer doch mal auf ein Foto, öffnen das Kontextmenü, in dem Sie kurz die rechte Maustaste drücken und wählen Sie dann den Befehl **Eigenschaften**. Auf der Registerkarte **Details** finden Sie die so genannten **ExIf**-Daten, sofern sie in der Fotodatei vorhanden sind.

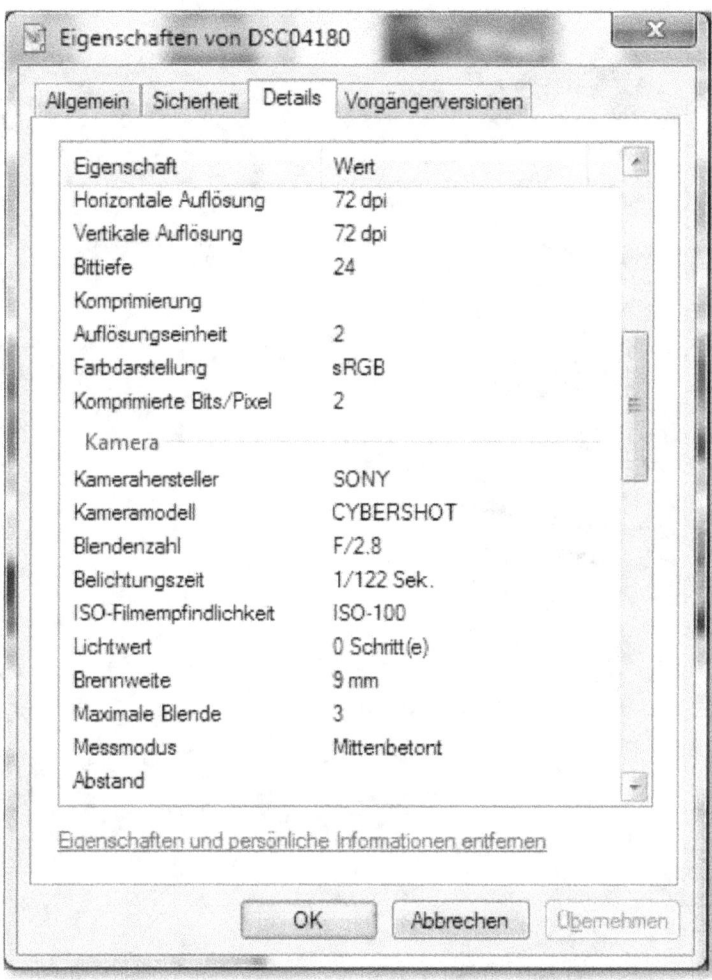

Druck-Optionen

Sie möchten ein Foto mehrfach ausdrucken? Vielleicht ein Portrait in Passbildgröße? Markieren Sie im Windows-Explorer ein Foto und wählen Sie aus dem Kontextmenü den Befehl: **Druck** (Manchmal steht dort auch **Print**). Daraufhin öffnet sich ein Fotodruck-Assistent, in dem Sie eben nicht nur den Drucker auswählen können, sondern auch, über **Optionen**, wie groß und wie oft ein Foto, auf wie viele Seiten gedruckt werden soll. Das spart viel Zeit und Mühe.

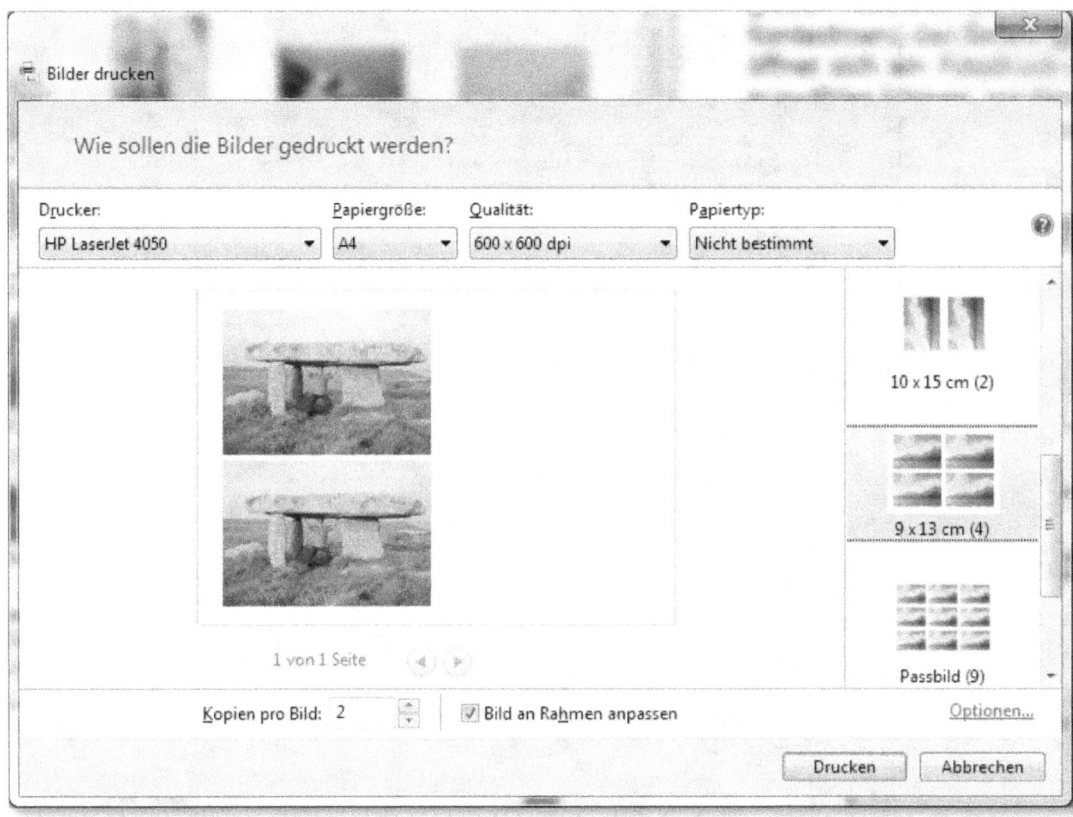

Wählen Sie mal den Kontaktabzug, der 35 Bilder pro Seite zulässt. Diese Methode ist viel komfortabler, als Fotos in einem Bildbearbeitungsprogramm oder etwa mit einer Textverarbeitung auf dem Papier zu positionieren.

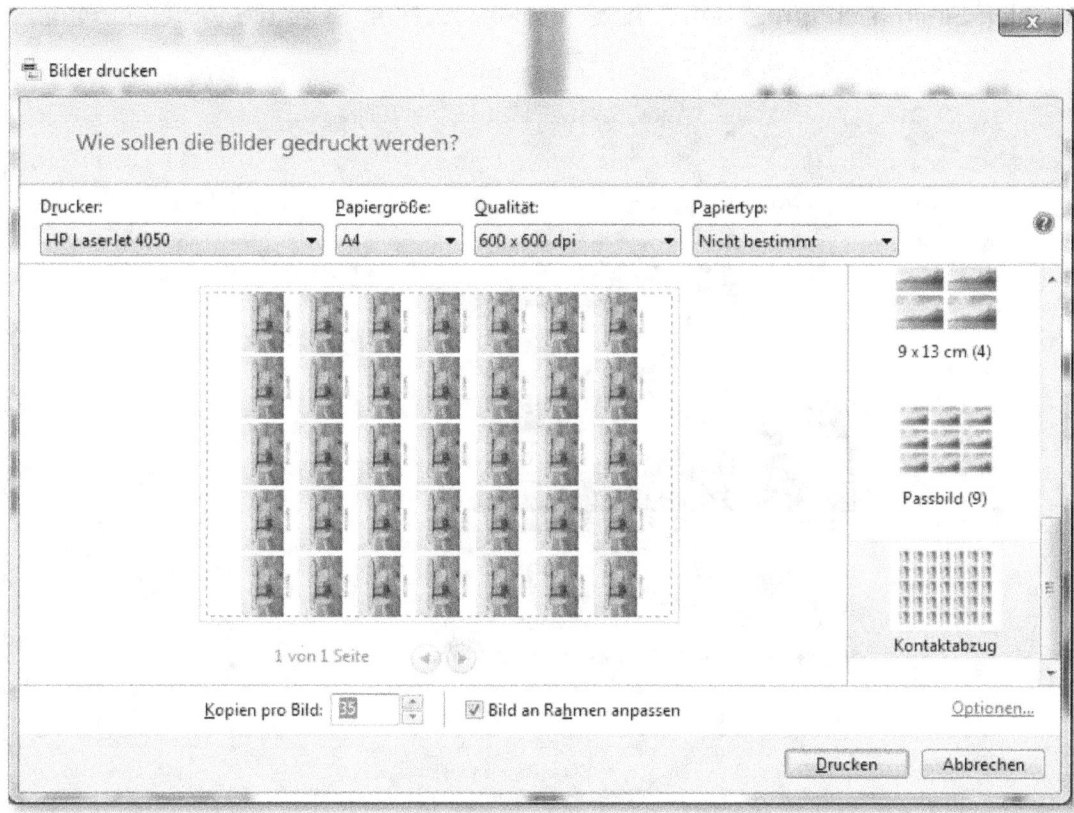

Die Methode funktioniert aber nur, wenn die Bilddateien mit dem Programm **Windows Bildanzeige** verknüpft sind.

Sie können auch mehrere Fotos im Windows-Explorer markieren und diese dann vom Fotodruckassistenten auf dem Papier verteilen lassen. Dazu markieren Sie die gewünschten Fotos, Im Beispiel vier Stück, machen auf einem der markierten Fotos einen Rechtsklick und wählen den Befehl **Drucken** (Print). Wählen Sie im sich öffnenden Fenster auf der rechten Seite die Verteilung aus.

Einfacher kann man es wohl kaum noch haben. Mit einem Klick auf die Schaltfläche **Drucken** wird der jeweilige Druckvorgang gestartet.

Abzüge Online bestellen

Auf dem Cover dieses Buches haben Sie ja schon gesehen, dass Sie einen Gutschein von FUJIdirekt über 100 Fotos im 10er Format erhalten. Dann sollte ich Ihnen wohl auch erklären, wie man solche Fotos über das Internet bestellt. Das ist denkbar einfach und komfortabel. Rufen Sie zunächst im Internet die Seite **www.fujidirekt.de** auf. Im folgenden Kapitel „Ihr Gutschein-Code" steht, wie Sie an diesen Gutschein-Code kommen.

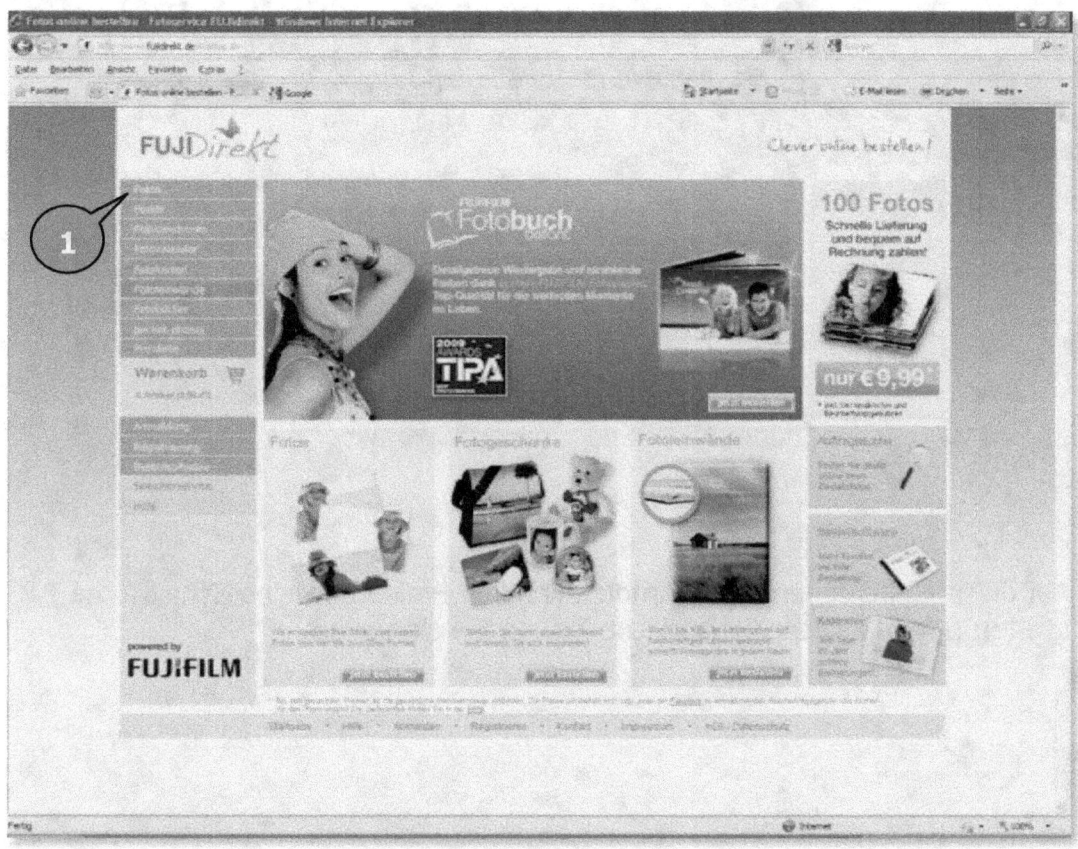

Bedenken Sie dabei, dass sich das Seitenlayout von Zeit zu Zeit ändern kann. Irgendwo auf dieser Seite gibt es aber immer eine Schaltfläche **Fotos** (Pfeil 1). Klicken Sie diese einmal an.

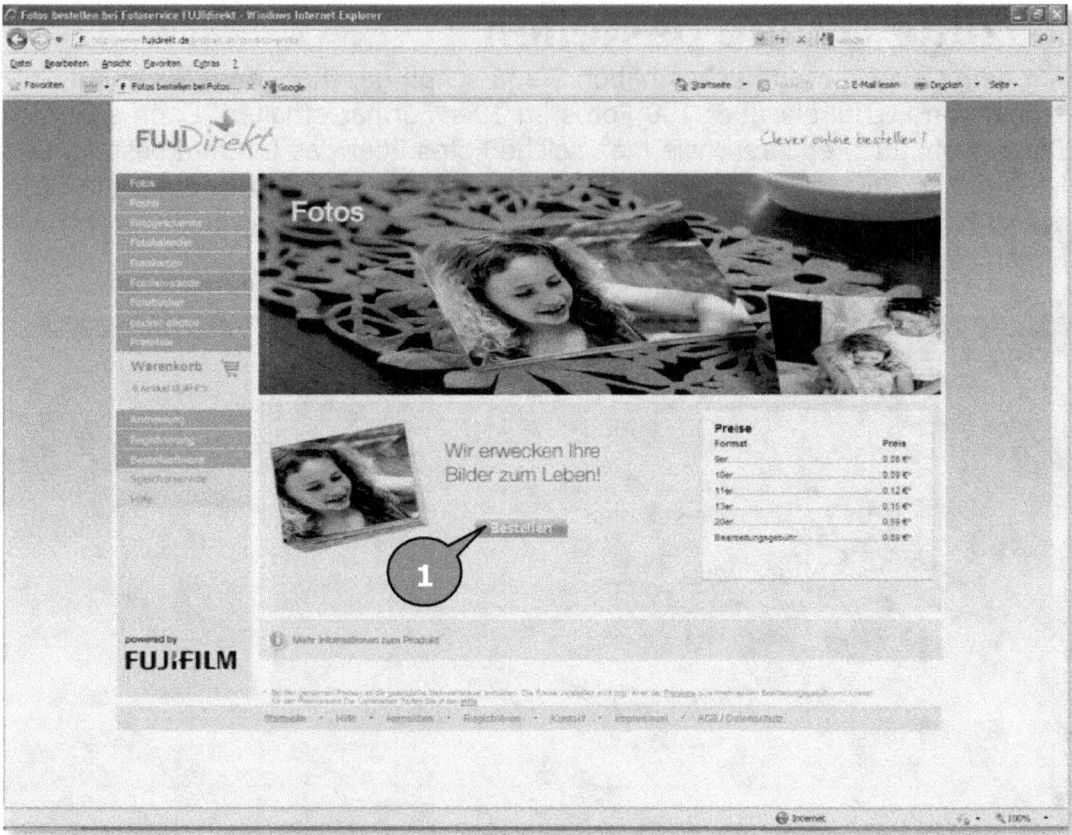

Auf dieser Seite sehen Sie dann die aktuellen Preise und eine Schaltfläche **Bestellen** (Pfeil 1). Diese Schaltfläche klicken Sie einmal an.

Digitalkamera und dann? - Für Windows 7

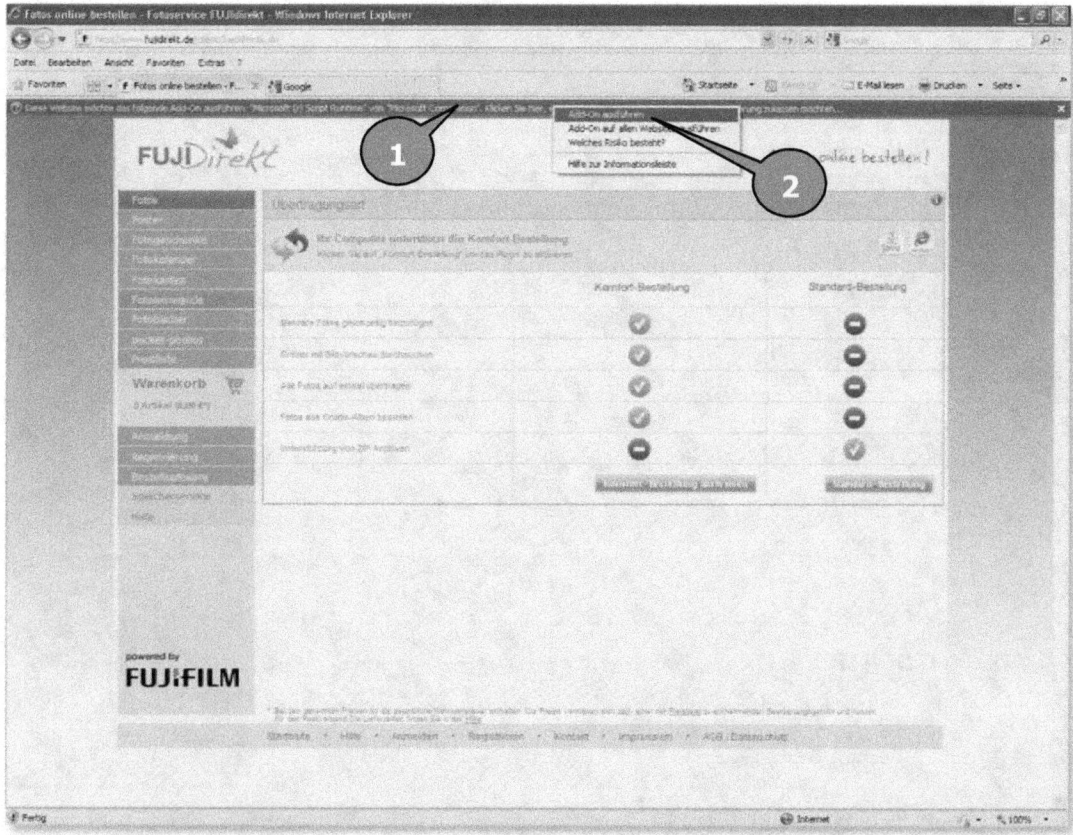

Unter Umständen erscheint am oberen Rand der Internetseite ein schmaler, gelblicher Balken (Pfeil 1), der Sie darauf hinweist, dass diese Webseite ein Add-On ausführen möchte. Das ist nichts Schlimmes ☺. Klicken Sie einfach einmal kurz mit der linken Maustaste auf diese Leiste und wählen Sie ebenfalls mit einem Linksklick den Befehl **Add-On ausführen** (Pfeil 2) aus dem kleinen Kontextmenü aus. Eine Sicherheitsabfrage erscheint. Bestätigen Sie die Frage durch einen Klick auf die Schaltfläche **Ausführen**.

Und die Meldung kann dann auch noch eine weitere Meldung auftauchen. Sie können aber bedenkenlos auf **Ja** oder **OK** klicken, da Sie auf der Seite bleiben. Unter Umständen kann die Abfrage nach zu startenden Add-Ons auch mehrmals erscheinen. Wiederholen Sie den Vorgang dann einfach nochmal.

Sind Sie einmal durch, sieht die Seite etwa so aus.

Digitalkamera und dann? - Windows 7

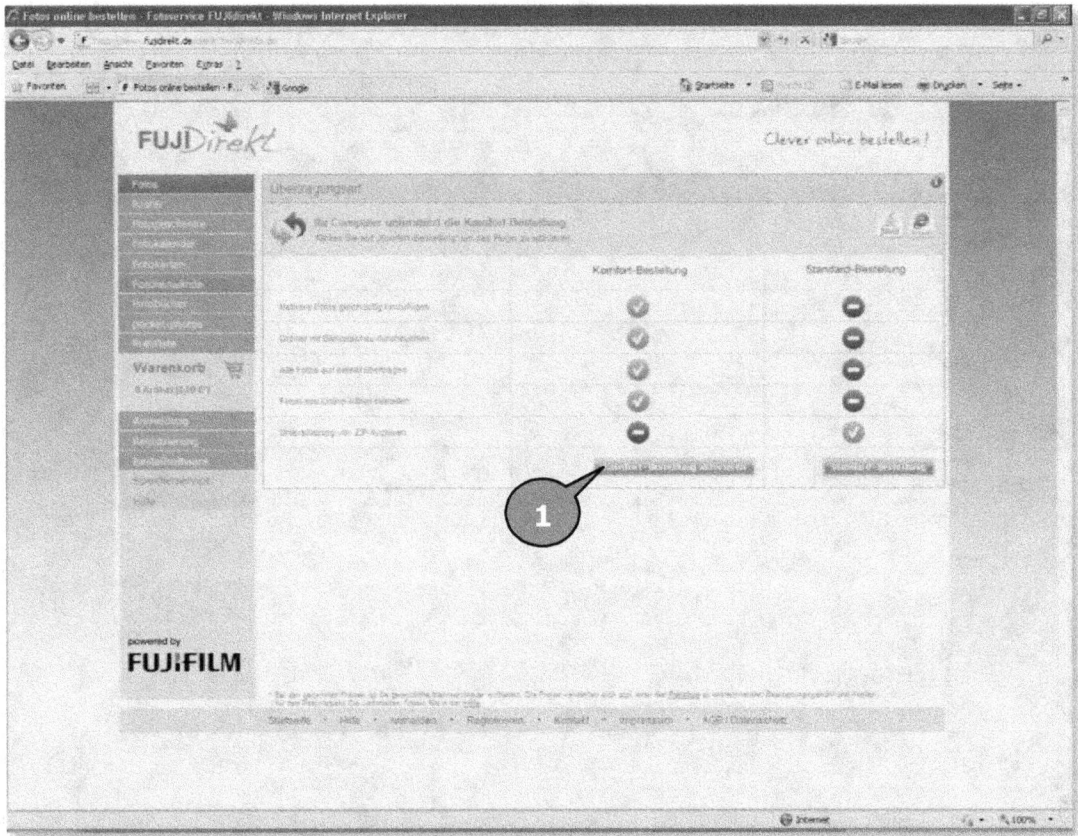

Klicken Sie auf die Schaltfläche **Komfort-Bestellung aktivieren** (Pfeil 1). Um die Bestellung durchführen zu können, müssen Sie über Administratorrechte auf Ihrem PC verfügen. Normalerweise ist nur ein Benutzer eingerichtet und der hat dann auch automatisch Administratorrechte. Wenn nicht, müssen Sie jetzt erst den Benutzer wechseln.
Evtl. erscheint auch wieder der berühmte Balken an der Oberseite der Internetseite. Dann müssen Sie das Add-On eben wieder ausführen und dann **Installieren**.

Unter **Mein Computer** (Pfeil 1) finden Sie nun alle Ordner Ihres Computers. Um die jeweiligen Ordner aufzuklappen, klicken Sie auf das kleine +-Zeichen vor dem Ordnernamen. Wählen Sie den Ordner aus, in dem sich die Bilder befinden, die Sie bestellen möchten. Sie können jetzt in diesem Ordner ein Foto nach dem anderen anklicken, das Sie bestellen möchten. Jedes angeklickte Foto erhält einen grünen Rahmen. Daran erkennen Sie, welche Fotos Sie schon ausgewählt haben. Haben Sie mal ein Foto angeklickt, dass Sie nicht haben wollten, klicken Sie es einfach erneut an, dann wird die Markierung wieder aufgehoben.

Mit dem Scrollbalken am rechten Rand können Sie sich durch den ganzen Ordner bewegen.

Achtung!!! Sinnvoll ist es, sich erst einen Ordner anzulegen, in den Sie alle Fotos kopieren, die Sie bestellen möchten. In diesem Ordner sollten Sie darauf achten, dass alle Fotos mit der breiten Seite waagerecht liegen, also alle Fotos breiter als hoch sind. Sonst haben Sie am Foto viel Verschnitt. Ggfls. Sollten Sie also Fotos wieder drehen, auch wenn Sie dann in diesem Ordner auf der Seite liegen.

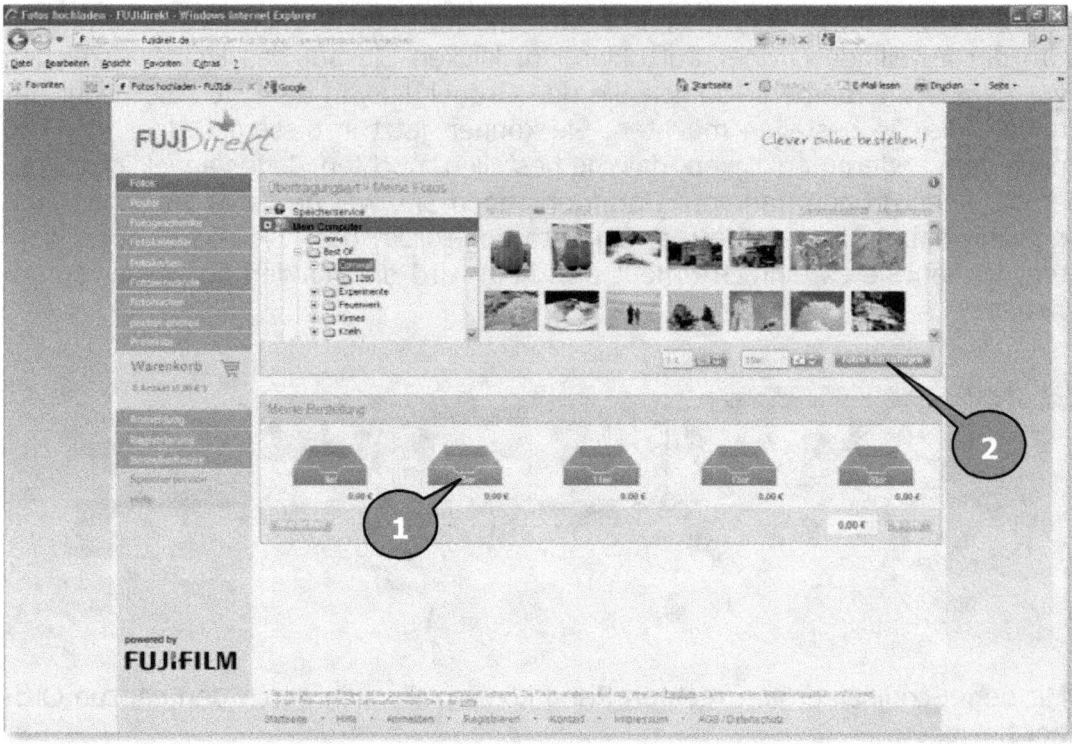

Durch Klick auf eine der Schubladen (Pfeil1) können Sie das Format der Fotos festlegen. Der Gutschein gilt aber nur für 10er Fotos. Mit einem Klick auf die Schaltfläche **Fotos hinzufügen** (Pfeil 2) werden die markierten Fotos in die entsprechende Schublade gelegt.

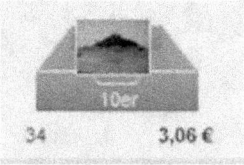

Sie sehen, wie viele Fotos, in welcher Größe Sie bereits ausgewählt haben und was der Spaß kostet. Wenn Sie noch aus anderen Ordnern Fotos hinzufügen möchten, wählen Sie jetzt einfach den entsprechenden Ordner an und wählen Sie weitere Fotos aus, die Sie hinzufügen möchten.

Digitalkamera und dann? - Für Windows 7

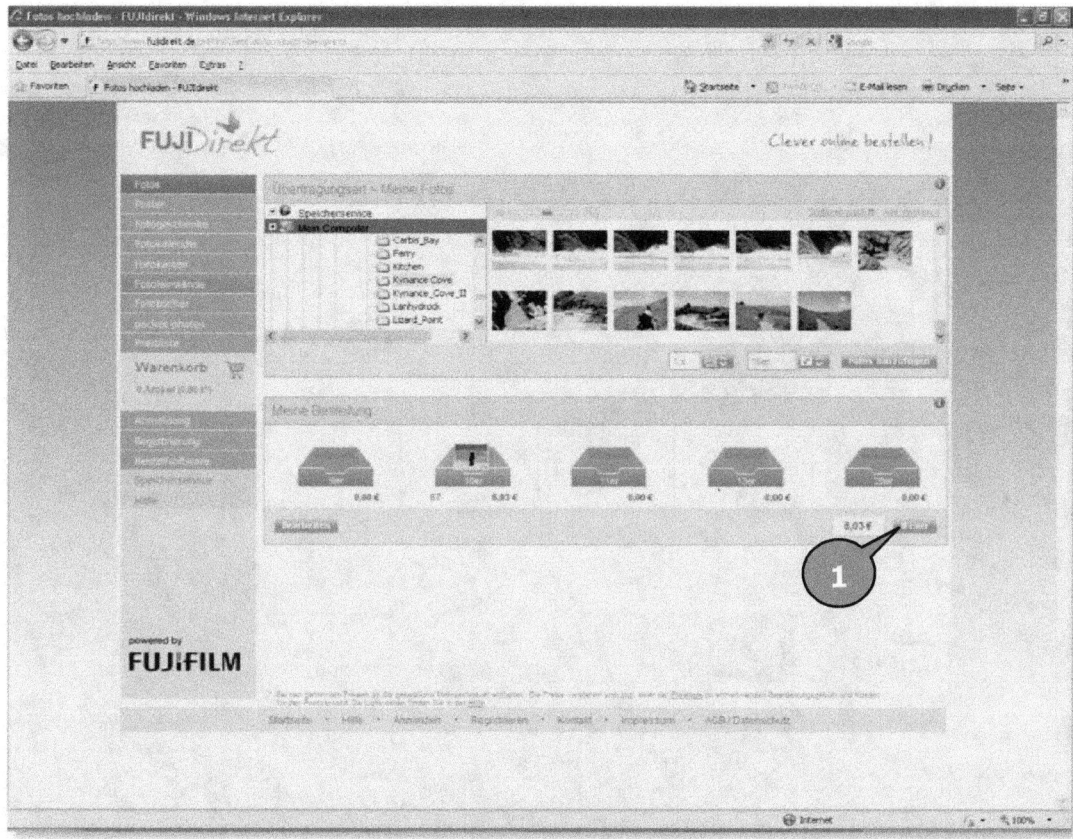

Wenn Sie weitere Fotos hinzugefügt haben, erhöhen sich die Anzahl und der Preis in der entsprechenden Schublade. Wenn Sie alle Fotos, von denen Sie Abzüge möchten, hinzugefügt haben, klicken Sie auf die Schaltfläche **Weiter** (Pfeil 1).

Digitalkamera und dann? - Windows 7

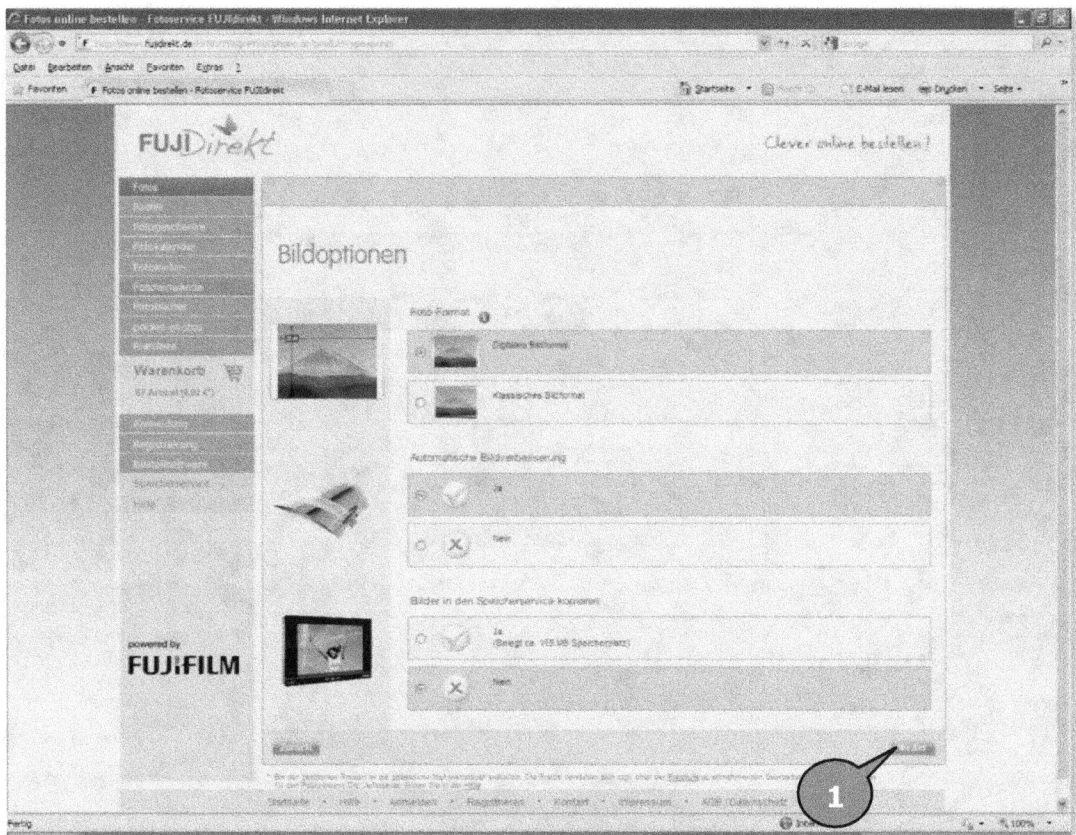

Auf dieser Seite haben Sie einige Einstellmöglichkeiten. Sie können entscheiden, ob Sie lieber ein **Digitales Bildformat** oder ein **Klassisches Bildformat** haben wollen. Bei Fotos einer Digitalkamera würde ich natürlich das **Digitale Bildformat** vorziehen. Dabei sollten Sie wissen, dass die Fotos exakt nach der Pixelzahl gedruckt werden. Sie werden also fast nie ein Foto bekommen, dass exakt den Maßen 10x13 oder 12x15 entspricht. Wenn Sie Fotos häufig zuschneiden, z.B. nach einer Feinrotation, werden diese Fotos natürlich alle unterschiedlich groß. Die **Automatische Bildverbesserung** sollten Sie nur verwenden, wenn Sie Ihre Fotos noch nicht selber optimiert haben. Optimierte Fotos nochmal zu optimieren kann sich sehr negativ auf die Farben auswirken ☺. Ob Sie Fotos in den Speicherservice kopieren wollen, ist zumindest eine Überlegung wert. Damit richtet FUJIdirekt Ihnen eine Internetdatenbank ein, auf die Sie und andere Zugriff haben. Dort kann sich dann jeder die Fotos ansehen und selber nachbestellen, dem Sie das erlauben. Das müssen Sie dann nicht für Freunde und Verwandte erledigen. Wenn Sie Ihre Einstellungen vorgenommen haben, klicken Sie auf **Weiter** (Pfeil 1).

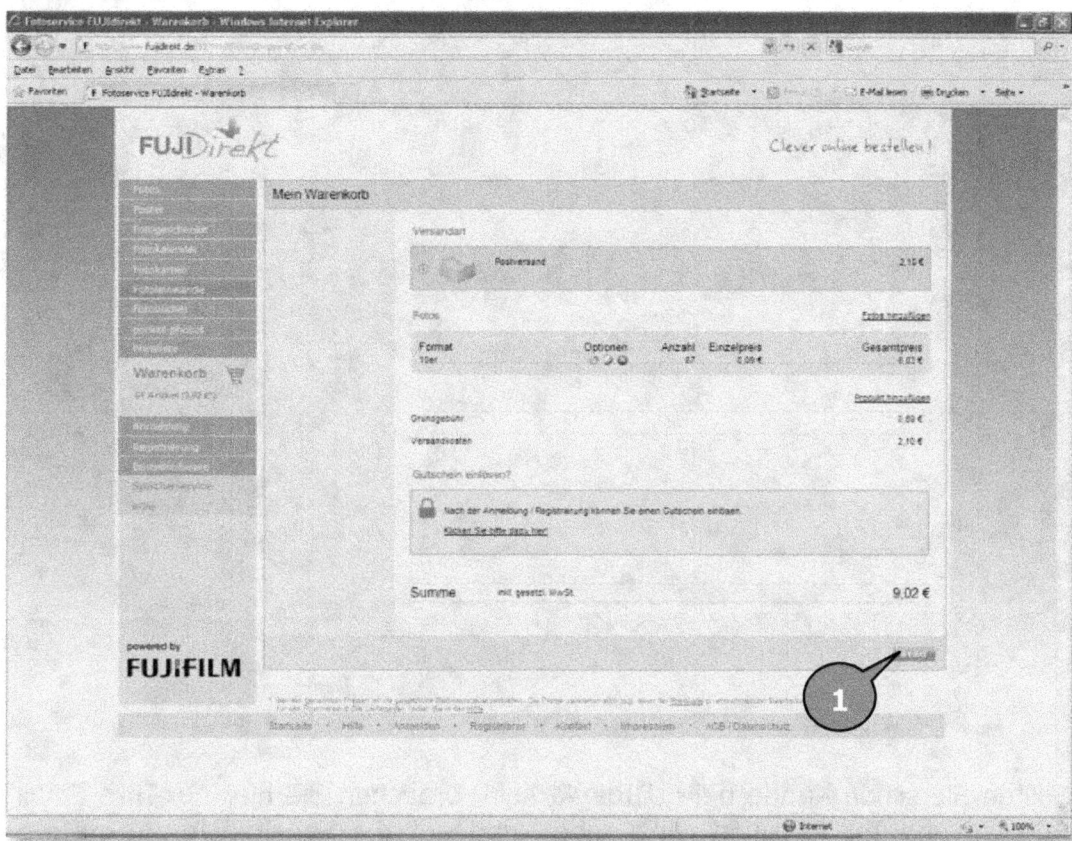

Hier sehen Sie noch einmal eine Zusammenfassung Ihres Auftrages. Keine Sorge, der Gutschein-Code kommt noch ☺. Klicken Sie auf **Weiter** (Pfeil 1).

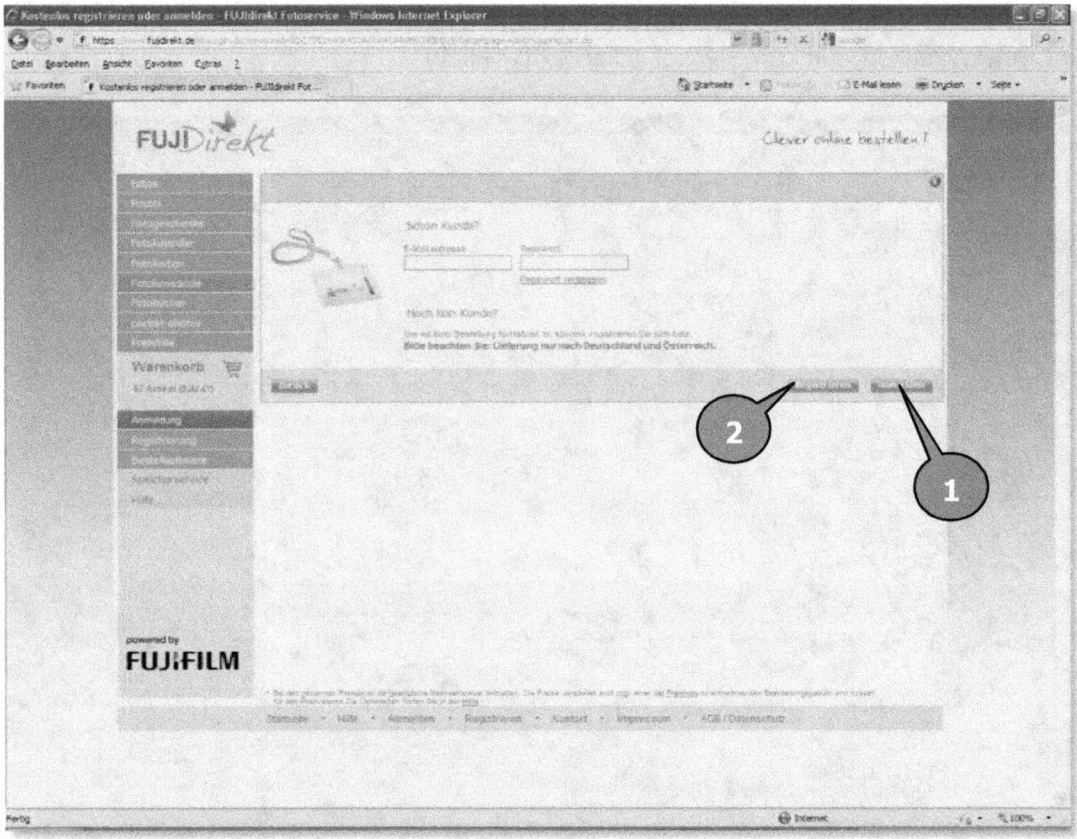

Sollten Sie schon Kunde bei FUJIdirekt sein, brauchen Sie hier nur Ihre Email-Adresse und Ihr Passwort einzugeben und auf die Schaltfläche **Anmelden** (Pfeil 1) zu klicken. Wir gehen aber mal davon aus, dass Sie ein Neukunde sind. Deshalb müssen Sie jetzt auf die Schaltfläche **Registrieren** (Pfeil 2) klicken.

Digitalkamera und dann? - Für Windows 7

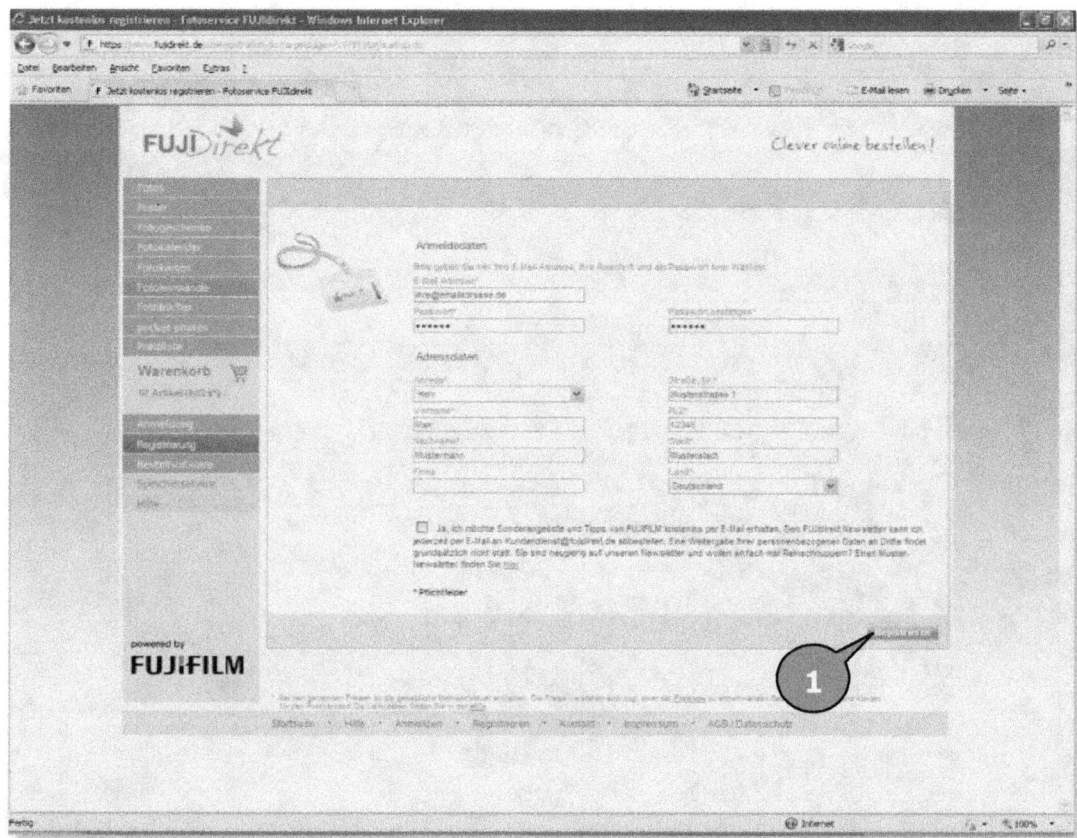

Auf dieser Seite geben Sie Ihren Namen, Ihre Anschrift und Ihre Email-Adresse ein. Denken Sie sich ein Passwort aus, dass Sie in die Felder **Passwort** und **Passwort bestätigen** eingeben. Neben einigen Feldnamen, wie z.B. Vorname oder Nachname, sehen Sie ein Sternchen *. Das bedeutet, dass es sich um Pflichtfelder handelt. Also solche Felder, in denen etwas drin stehen **muss**. Geben Sie Ihre Daten sorgfältig ein. Denn die Fotos sollen ja schließlich bei Ihnen ankommen. Weiter unten können Sie, wenn Sie wollen, ein Häkchen setzen, wenn Sie zukünftig den FUJIdirekt Newsletter erhalten möchten. Dieser wird Ihnen dann regelmäßig an die oben angegebene Email-Adresse geschickt. Alle Angaben gemacht? Dann klicken Sie einmal auf **Registrieren** (Pfeil 1).

Digitalkamera und dann? - Windows 7

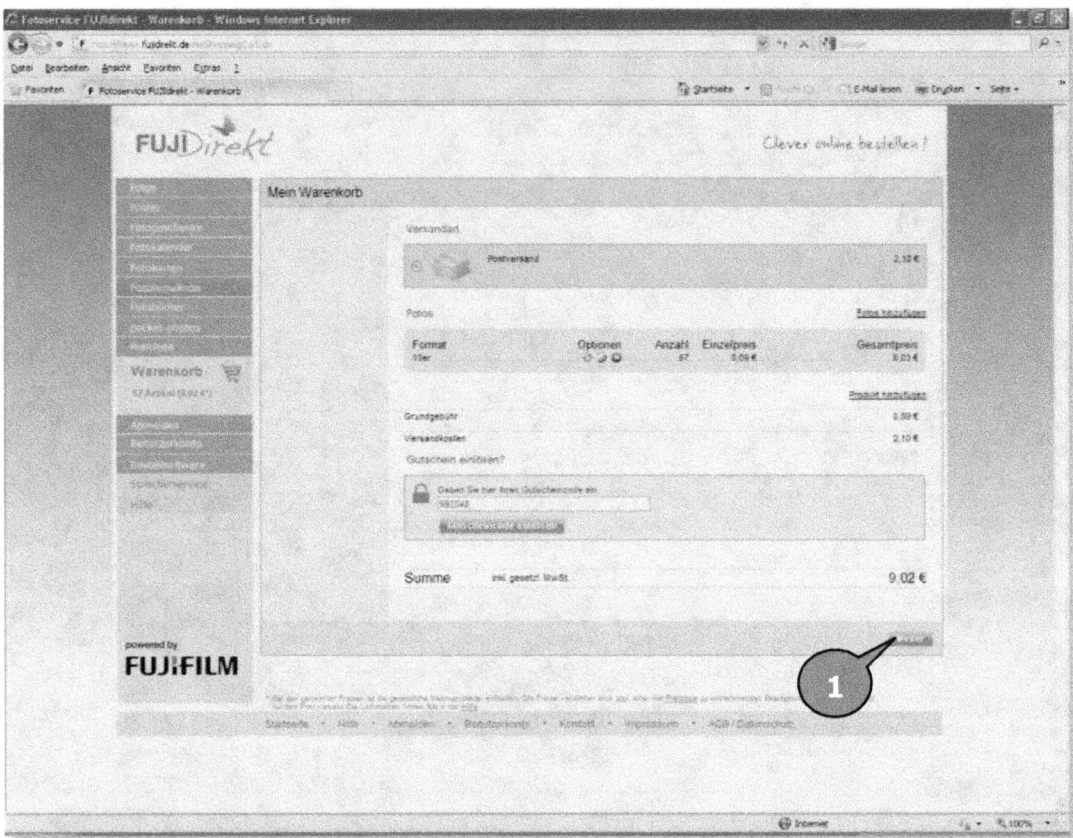

Nach der Registrierung oder bei Altkunden nach der Anmeldung, landen Sie auf dieser Seite. Sie zeigt Ihnen eine Zusammenfassung Ihres Auftrages an. Hier können Sie auch den Gutscheincode vom Cover dieses Buches eingeben. Ein kleiner Tipp: Da Sie den Gutscheincode pro Empfänger nur einmal nutzen können, sollten Sie nichts verschwenden. Reizen Sie also die 100 Fotos ruhig aus. Wenn Sie die Auftragsdaten überprüft und den Gutscheincode eingegeben haben, klicken Sie einmal auf **Weiter** (Pfeil 1).

Digitalkamera und dann? - Für Windows 7

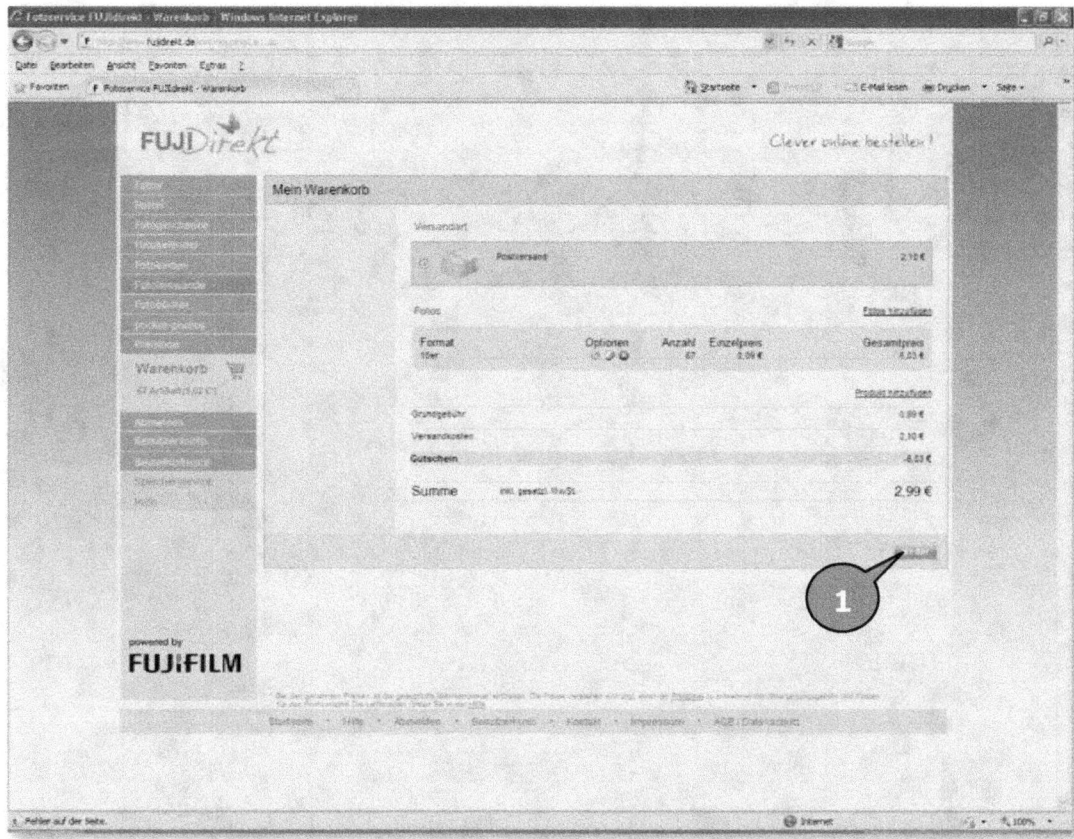

Jetzt sehen Sie Ihren Auftrag abzüglich des Gutschein-Betrages. Die Versandkosten und die Grundgebühr sind nicht rabattfähig. Das heißt, dass in unserem Beispiel ein Rechnungsbetrag von € 2,99 übrig bleibt, den Sie nach Erhalt der Fotos überweisen müssen. Klicken Sie nach der Überprüfung auf **Weiter** (Pfeil 1).

Digitalkamera und dann? - Windows 7

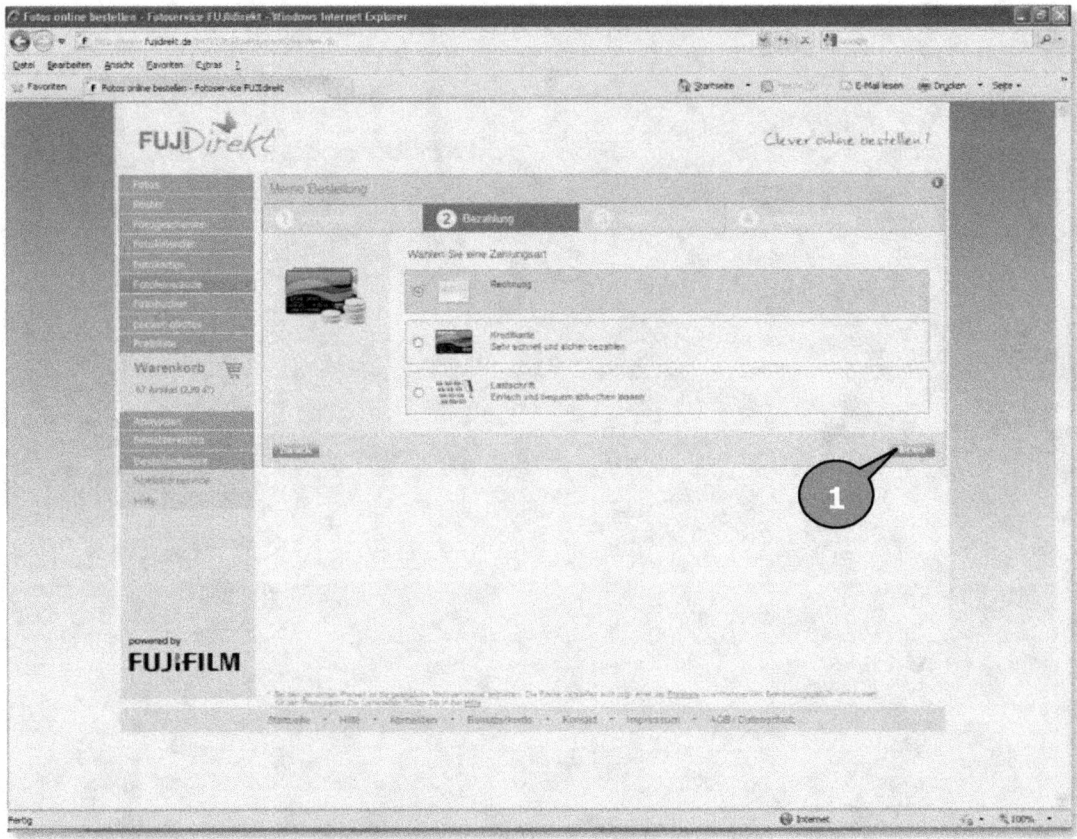

Auf dieser Seite sehen Sie die drei möglichen Bezahlarten. Ich persönlich bevorzuge die Rechnung. Klicken Sie auf **Weiter** (Pfeil 1). Sie können aber durch anklicken auch eine andere Bezahlart auswählen.

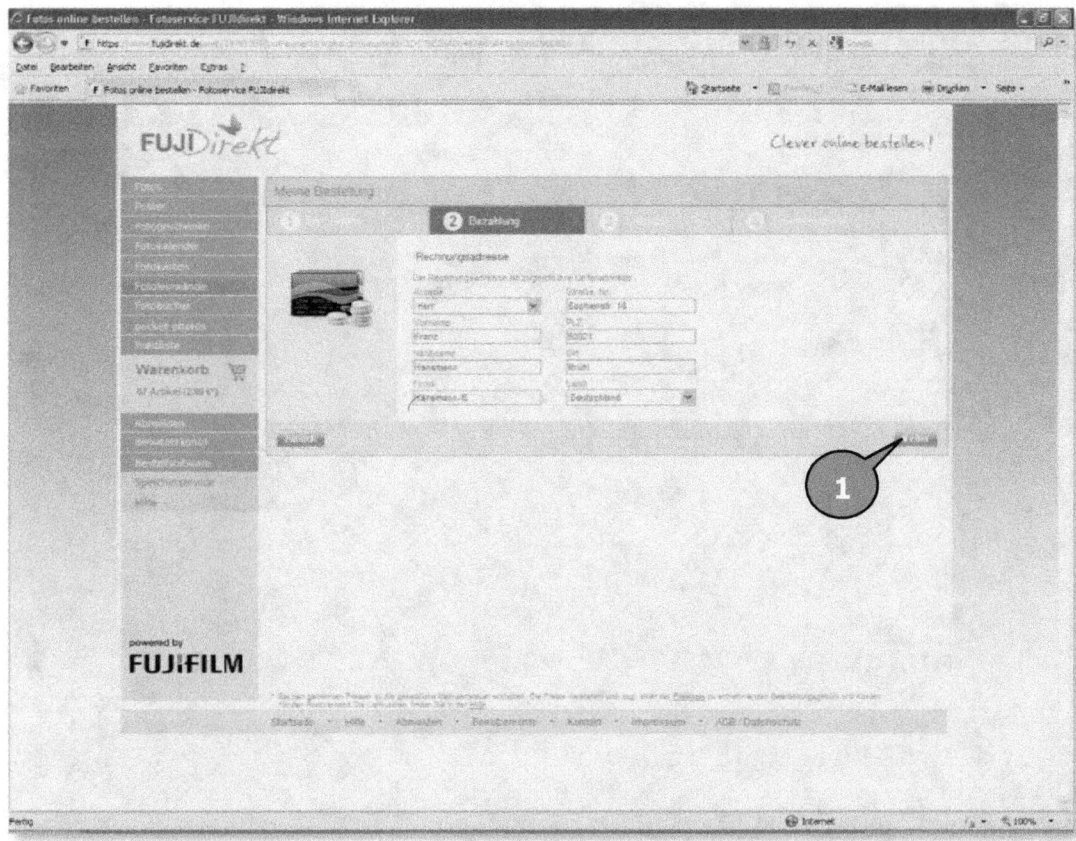

Überprüfen Sie die Rechnungsadresse. Sollten Sie die Fotos für jemand anderes bestellen, können Sie die Adresse natürlich ändern. Klicken Sie auf **Weiter** (Pfeil 1).

Digitalkamera und dann? - Windows 7

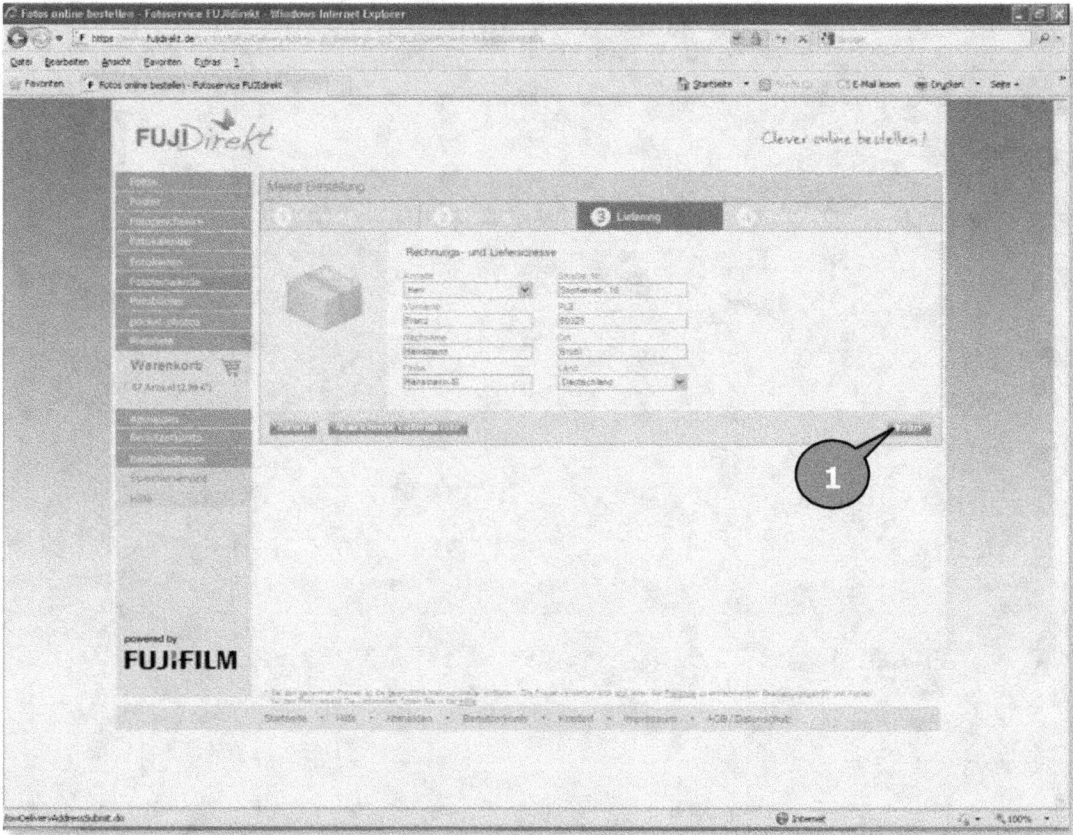

Wenn Sie Ihre Fotos verschenken wollen, können Sie hier eine abweichende Lieferanschrift angeben. Dann sparen Sie sich das Porto für's weiter schicken. Klicken Sie auf **Weiter** (Pfeil 1).

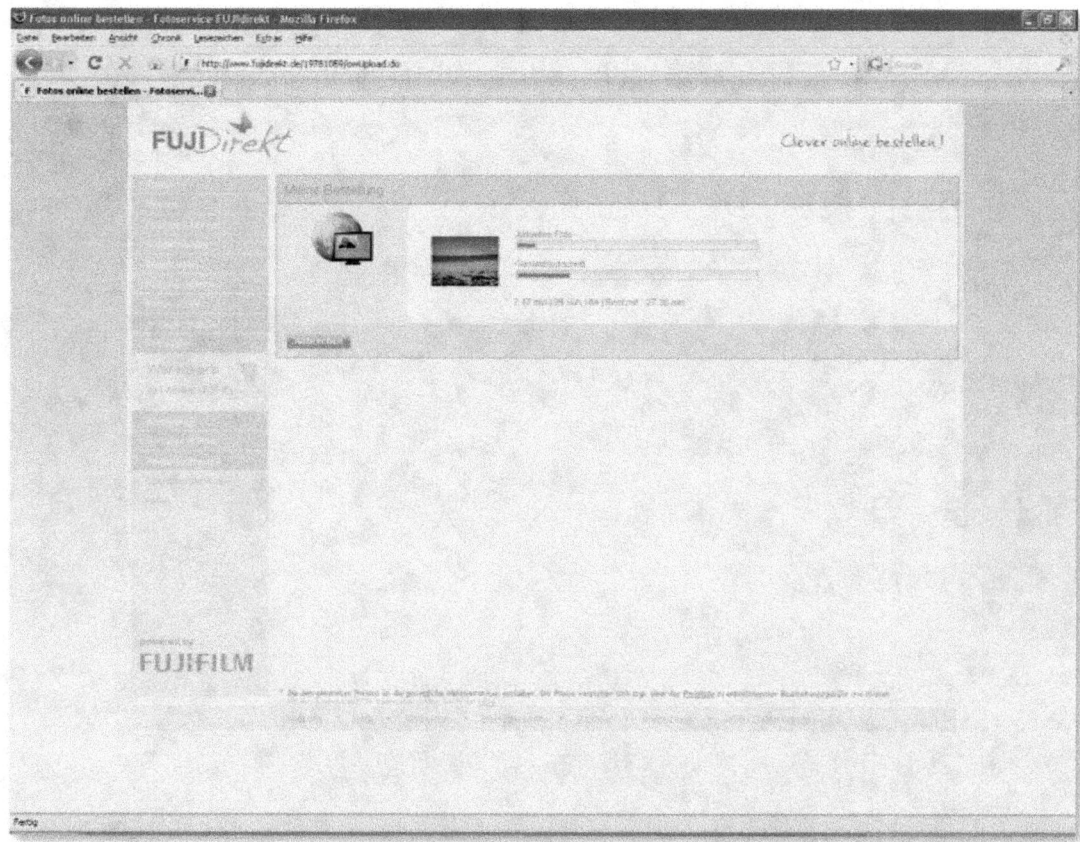

Jetzt beginnt die Datenübertragung von Ihrem PC zum Server von FUJIdirekt. Das kann je nach Internetverbindung, Fotogröße und Anzahl der Fotos eine Weile dauern ☺. Damit Ihnen beim Warten nicht langweilig wird, bekommen Sie angezeigt, welches Foto gerade übertragen wird.

Digitalkamera und dann? - Windows 7

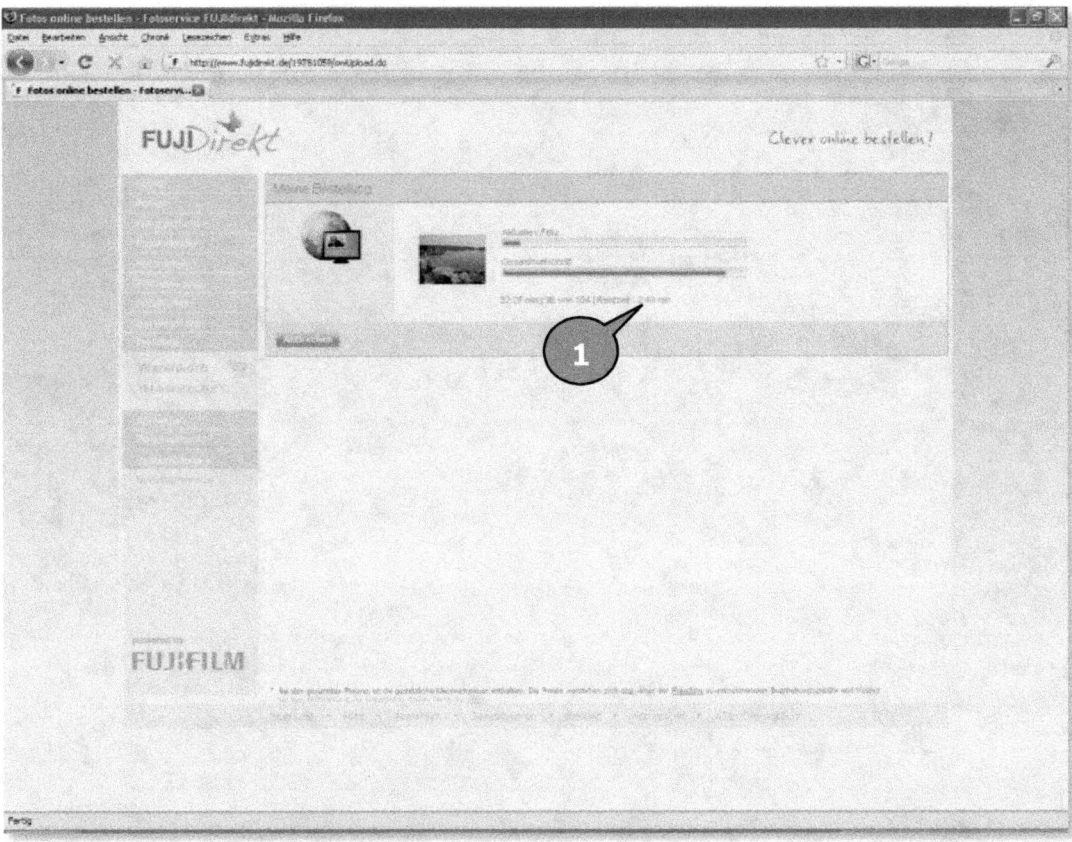

Anhand der angezeigten Restzeit (Pfeil 1) können Sie ungefähr abschätzen, wie lange es noch dauern wird, bis die Übertragung komplett ist.

Digitalkamera und dann? - Für Windows 7

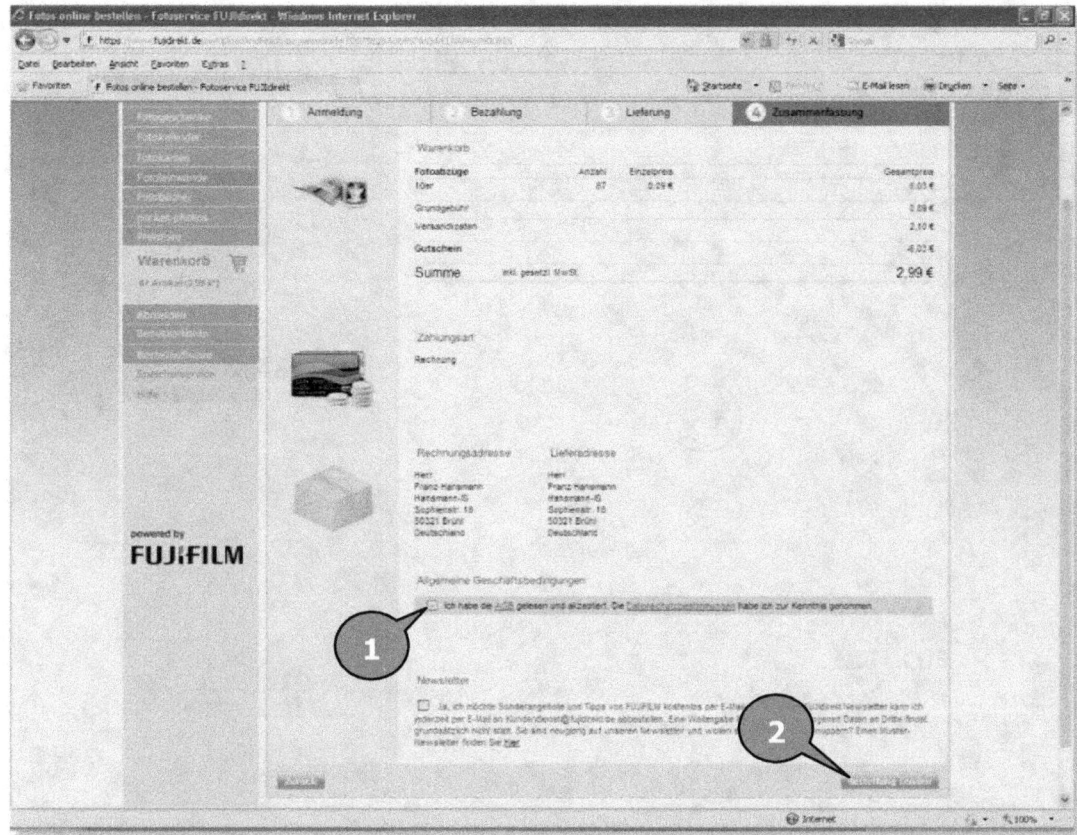

Ist die Übertragung vollständig, bekommen Sie noch einmal eine komplette Übersicht Ihres Auftrages angezeigt. Erst wenn Sie auf das Feld **Ich habe die AGB gelesen und akzeptiert** (x gesetzt, Pfeil 1) und anschließend auf die Schaltfläche **Bestellung senden** (Pfeil 2) klicken, wird der Auftrag für die Fotos erteilt.

Digitalkamera und dann? - Windows 7

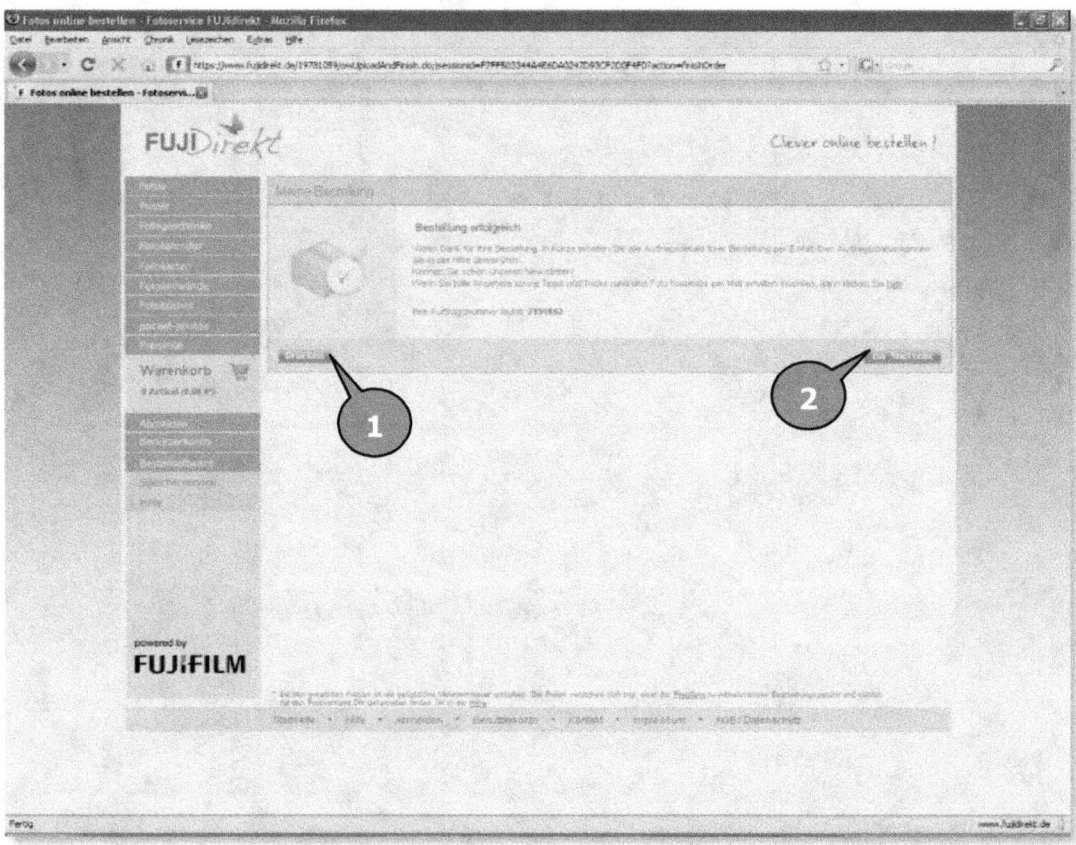

Diese letzte Meldung zeigt Ihnen an, dass Ihre Bestellung vollständig angekommen ist. Nach einigen Werktagen bringt der Postbote Ihre Fotos. Bei mir hat das immer zwischen drei und vier Werktagen gelegen. Sie erhalten nach Ihrer Bestellung eine Email mit der Auftragsbestätigung. Wenn die Fotos fertig sind, erhalten Sie eine weitere Email mit der Versandbestätigung. Wenn Sie auf die Schaltfläche **Drucken** (Pfeil 1) klicken, öffnet sich ein Fenster mit der Zusammenfassung Ihres Auftrages (siehe Folgeseite), die Sie sich ausdrucken können. Klicken Sie auf die Schaltfläche **Zur Startseite** (Pfeil 2), können Sie gleich weitere Fotos bestellen ☺. Ich wünsche Ihnen viel Spaß mit Ihren Fotos.

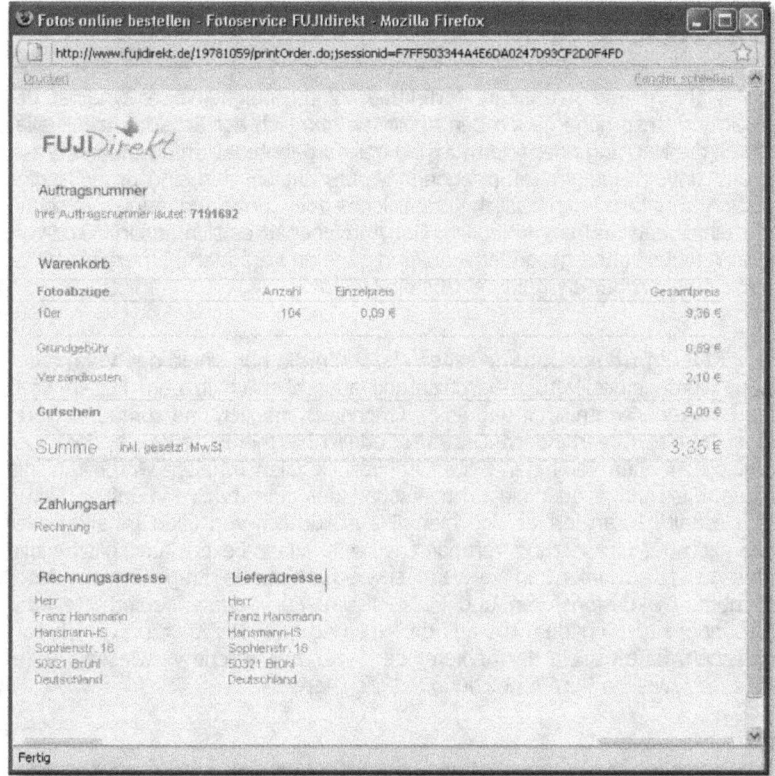

Ihr Gutschein-Code

Ihren Gutschein-Code, für 100 Fotos im 10er Format, bekommen Sie auf der Internetseite:

http://992548.fujidirekt-aktionen.de

Wenn Sie beabsichtigen sollten auch einmal ein Fotobuch mit Ihren eigenen Fotos über FUJIdirekt zu erstellen, können Sie sich hier zusätzlich einen Gutschein über € 6,95 für ein Fotobuch abholen:

http:// 284569.fujidirekt-aktionen.de

Haftungsausschluss

Inhalt des Angebotes
Der Autor übernimmt keinerlei Gewähr für die Aktualität, Korrektheit, Vollständigkeit oder Qualität der bereitgestellten Informationen. Haftungsansprüche gegen den Autor, welche sich auf Schäden materieller oder ideeller Art beziehen, die durch die Nutzung oder Nichtnutzung der dargebotenen Informationen bzw. durch die Nutzung fehlerhafter und unvollständiger Informationen verursacht wurden sind grundsätzlich ausgeschlossen, sofern seitens des Autors kein nachweislich vorsätzliches oder grob fahrlässiges Verschulden vorliegt. Alle Angebote sind freibleibend und unverbindlich. Der Autor behält es sich ausdrücklich vor, Teile der Seiten oder das gesamte Angebot ohne gesonderte Ankündigung zu verändern, zu ergänzen, zu löschen oder die Veröffentlichung zeitweise oder endgültig einzustellen.

Verweise und Links
Bei direkten oder indirekten Verweisen auf fremde Internetseiten ("Links"), die außerhalb des Verantwortungsbereiches des Autors liegen, würde eine Haftungsverpflichtung ausschließlich in dem Fall in Kraft treten, in dem der Autor von den Inhalten Kenntnis hat und es ihm technisch möglich und zumutbar wäre, die Nutzung im Falle rechtswidriger Inhalte zu verhindern. Der Autor erklärt hiermit ausdrücklich, dass zum Zeitpunkt der Linksetzung die entsprechenden verlinkten Seiten frei von illegalen Inhalten waren. Auf die aktuelle und zukünftige Gestaltung, die Inhalte oder die Urheberschaft der gelinkten/verknüpften Seiten hat der Autor keinerlei Einfluss. Deshalb distanziert er sich hiermit ausdrücklich von allen Inhalten aller gelinkten/verknüpften Seiten, die nach der Linksetzung verändert wurden. Diese Feststellung gilt für alle innerhalb des eigenen Angebotes gesetzten Links und Verweise sowie für Fremdeinträge in vom Autor eingerichteten Büchern, Gästebüchern, Diskussionsforen und Mailinglisten. Für illegale, fehlerhafte oder unvollständige Inhalte und insbesondere für Schäden, die aus der Nutzung oder Nichtnutzung solcherart dargebotener Informationen entstehen, haftet allein der Anbieter der Seite, auf welche verwiesen wurde, nicht derjenige, der über Links auf die jeweilige Veröffentlichung lediglich verweist.

Urheber- und Kennzeichenrecht
Der Autor ist bestrebt, in allen Publikationen die Urheberrechte der verwendeten Grafiken, Tondokumente, Videosequenzen und Texte zu beachten, von ihm selbst erstellte Grafiken, Tondokumente, Videosequenzen und Texte zu nutzen oder auf lizenzfreie Grafiken, Tondokumente, Videosequenzen und Texte zurückzugreifen. Alle innerhalb des Angebotes genannten und ggf. durch Dritte geschützten Marken- und Warenzeichen unterliegen uneingeschränkt den Bestimmungen des jeweils gültigen Kennzeichenrechts und den Besitzrechten der jeweiligen eingetragenen Eigentümer. Allein aufgrund der bloßen Nennung ist nicht der Schluss zu ziehen, dass Markenzeichen nicht durch Rechte Dritter geschützt sind! Die Erwähnung von Marken erfolgt gemäß §23 Markengesetz. Das Copyright für veröffentlichte, vom Autor selbst erstellte Objekte bleibt allein beim Autor der Seiten. Eine Vervielfältigung oder Verwendung solcher Grafiken, Tondokumente, Videosequenzen und Texte in anderen elektronischen oder gedruckten Publikationen ist ohne ausdrückliche, schriftliche Zustimmung des Autors nicht gestattet.

Datenschutz
Sofern innerhalb des Internetangebotes die Möglichkeit zur Eingabe persönlicher oder geschäftlicher Daten (Emailadressen, Namen, Anschriften) besteht, so erfolgt die Preisgabe dieser Daten seitens des Nutzers auf ausdrücklich freiwilliger Basis. Die Inanspruchnahme und Bezahlung aller angebotenen Dienste ist - soweit technisch möglich und zumutbar - auch ohne Angabe solcher Daten bzw. unter Angabe anonymisierter Daten oder eines Pseudonyms gestattet.

Rechtswirksamkeit dieses Haftungsausschlusses
Sofern Teile oder einzelne Formulierungen dieses Textes der geltenden Rechtslage nicht, nicht mehr oder nicht vollständig entsprechen sollten, bleiben die übrigen Teile des Dokumentes in ihrem Inhalt und ihrer Gültigkeit davon unberührt.

Im Buchhandel erhältlich:

**Digitalkamera und dann?
Für Windows XP
ISBN: 978-3-8370-9722-1**

Sie haben sich eine Digitalkamera angeschafft, können prima fotografieren, wissen aber nicht so richtig, wie Sie die Bilder von der Kamera auf den PC bekommen, dort sicher verwalten können und auch jederzeit wiederfinden? Dieses Buch zeigt Ihnen Schritt für Schritt, wie Sie unter Windows XP, eine sinnvolle Ordnerstruktur für Ihre Bilder aufbauen können. Sie lernen mit diesem Buch nicht nur das, sondern auch, wie man Bilder weiterverarbeitet (Größe ändern auch für den Email-Versand, Helligkeit und Farbe anpassen, rote Augen entfernen, Horizont gerade rücken, Retusche usw.). Außerdem wird in diesem Buch anschaulich gezeigt, wie Sie eigene Dia-Shows mit Ihren Bildern erstellen können. Und das Schönste daran ist, dass die eingesetzte Software für den Privatgebrauch kostenlos ist und dabei doch höchsten Ansprüchen genügt. Im Buch befindet sich ein Gutscheincode um 100 Fotos kostenlos bei FUJIdirekt über das Internet zu bestellen (Es fallen nur Versandkosten an).

**Mein Fotobuch mit www.aldifotos.de
ISBN: 978-3-8370-2100-4**

Erstellen Sie ein professionell gedrucktes und gebundenes Fotobuch mit Ihren eigenen Fotos. In Druck- und Verarbeitungsqualität steht dieses Fotobuch einem gekauften Bildband in nichts nach. Egal ob Sie ein eigenes Fotobuch für einen Hochzeit, einen Geburtstag, eine Taufe oder über den letzten Urlaub erstellen. Sätze wie: „Das Fotobuch ist das Schönste, was ich je am Computer gemacht habe." oder „Meine Geschwister haben geweint, als ich ihnen das Fotobuch zu Weihnachten geschenkt habe.", haben mich bewogen, es doch einmal mit diesem Buch zu versuchen. Zeigen Sie Ihrer Familie und Ihren Freunden, dass Sie mit dem Computer etwas Einzigartiges schaffen können.

Das Computer-Lexikon
ISBN: 978-3-8370-9923-2

In einem Computer-Kurs fragte mich einmal ein Teilnehmer:"Sagen Sie mal, was heißt eigentlich ISDN?" Ich holte aus, um eine Erklärung der technischen Belange abzugeben, wurde aber schnell unterbrochen. Er wollte einfach wissen, wofür diese Abkürzung steht. Da musste ich tatsächlich passen. Diese Peinlichkeit hat zur Entwicklung dieses Nachschlagewerkes geführt. Mehr als 1300 Begriffe aus der Computerwelt werden hier verständlich erklärt. Ach ja. ISDN steht für Integrated Services Digital Network. Das werde ich nie mehr vergessen ☺.

www.ingramcontent.com/pod-product-compliance
Lightning Source LLC
Chambersburg PA
CBHW082328220526
45470CB00008B/2434